吸收式热泵技术及应用

钟晓晖　勾昱君　著

北　京
冶金工业出版社
2014

内 容 提 要

我国能源形势和环境问题日益严峻，必须加快开发新能源，提高能源利用效率。吸收式热泵是以热能为补偿，实现从低温向高温输送热量的设备，可以达到余热利用的目的，具有节约能源、保护环境的双重作用。目前，吸收式热泵在工业余热回收利用中的应用越来越广泛。本书从吸收式热泵技术的应用背景和研究进展出发，论述了开式循环吸收式热泵和余热-地热源吸收式热泵的原理、数值模拟和热力学分析，以及吸收式热泵在工业余热回收利用中的应用。

本书可供相关学科的研究人员、技术人员阅读、参考，也可供高等院校动力、能源等相关专业学生使用。

图书在版编目（CIP）数据

吸收式热泵技术及应用/钟晓晖，勾昱君著. —北京：冶金工业出版社，2014.9
ISBN 978-7-5024-6759-3

Ⅰ.①吸…　Ⅱ.①钟…　②勾…　Ⅲ.①热泵—基本知识　Ⅳ.①TH3

中国版本图书馆 CIP 数据核字（2014）第 217123 号

出　版　人　谭学余
地　　　址　北京市东城区嵩祝院北巷 39 号　邮编　100009　电话　（010）64027926
网　　　址　www.cnmip.com.cn　电子信箱　yjcbs@cnmip.com.cn
责任编辑　常国平　美术编辑　吕欣童　版式设计　孙跃红
责任校对　卿文春　责任印制　李玉山
ISBN 978-7-5024-6759-3
冶金工业出版社出版发行；各地新华书店经销；北京佳诚信缘彩印有限公司印刷
2014 年 9 月第 1 版，2014 年 9 月第 1 次印刷
169mm×239mm；9.5 印张；181 千字；141 页
29.00 元
冶金工业出版社　投稿电话　（010）64027932　投稿信箱　tougao@cnmip.com.cn
冶金工业出版社营销中心　电话　（010）64044283　传真　（010）64027893
冶金书店　地址　北京市东四西大街46 号（100010）　电话　（010）65289081（兼传真）
冶金工业出版社天猫旗舰店　yjgy.tmall.com
（本书如有印装质量问题，本社营销中心负责退换）

前　言

　　随着经济社会的发展，人类正面临着可能出现的能源危机以及日益严重的环境污染和生态环境破坏问题。人类生活质量的进一步提高及生存环境的进一步改善，迫切要求解决这两个世界性难题。吸收式热泵是以热能为补偿实现从低温向高温输送热量的设备，可以达到余热利用的目的，具有节约能源、保护环境的双重作用，吸收式热泵在工业余热回收利用中的应用也越来越广泛。

　　本书从吸收式热泵技术的应用背景和研究进展出发，论述了开式循环吸收式热泵和余热-地热源吸收式热泵的原理、数值模拟和热力学分析以及吸收式热泵在工业余热回收利用中的应用。全书共分5章。第1章介绍了世界能源现状、采用热泵回收余热的意义和热泵技术概述。第2章介绍了溴化锂二元溶液的性质、溴化锂吸收式热泵制热原理、分类和特点。第3章介绍了开式吸收式热泵的应用背景、研究进展、开式吸收式热泵与冷凝方式燃气潜热回收效果的比较、开式吸收式热泵系统的热力学评价和实验研究。第4章介绍了余热-地热源吸收式热泵研究背景、实验研究、热力学分析和地埋管换热性能研究。第5章在吸收式热泵热力过程模拟分析的基础上，介绍了热电联产集中供热三种方式对比分析和汽轮机乏汽余热能综合利用研究。

　　本书由钟晓晖撰写第1章、第4章、第5章，勾昱君撰写第2章、第3章。

　　作者在吸收式热泵技术的研究过程中，曾获得河北省自然科学基金的资金支持，并且得到了河北联合大学冶金与能源学院老师和领导们的关心，书中的部分内容由赵斌教授提供并整理，在此一并致谢！

由于作者学术水平所限，书中不妥之处，敬请广大读者批评指正。

作　者

2014 年 6 月

于河北联合大学

目　　录

1 绪 论

1.1 世界能源现状

进入 20 世纪以来，人类面临着环境与社会发展问题的严峻挑战。在人类文明高速发展的今天，能源已经成为影响人类可持续发展进程的重要因素之一。世界经济的现代化得益于化石能源，如石油、天然气、煤炭与核裂变能的广泛投入与应用。伴随着现代工业的迅速发展，人类对能源的依赖性越来越大。然而，能源消耗的急剧增加导致了环境污染、臭氧层破坏和地球变暖等问题。不仅如此，绝大部分化石能源将在 21 世纪中叶迅速地接近枯竭。据预测，按现有的已探明储备量和开采速度，石油只够开采 50 年，天然气只够开采 60 年，煤炭储量稍微多一些，但也只能开采不到 200 年。化石能源的枯竭必将导致世界经济危机和地区冲突的加剧。实际上，近些年来的中东战争和美军攻打伊拉克等归根到底还是属于能源战争。这种军事冲突在今后还将更猛烈、更频繁。

目前，世界上各个国家使用的能源主要是石油、天然气、煤等一次性不可再生能源，占能源总消耗量的 90% 左右，现有的能源供应和消耗模式是与可持续发展战略背道而驰的。但是，如何以可持续发展的方式满足人类日益增长的能源需求成为了难题。改善能源结构、开发利用新能源和提高能源利用率成为了能源、经济、环境和社会可持续发展的必经之路。我国的能源现状可以概括为总量丰富，但人均不足。中国是发展中国家，人口众多，人均能源资源相对匮乏。其中，煤炭居主导地位。2010 年，中国煤炭探明可采储量为 1145 亿吨，占世界的 13.3%，位居世界第三，仅次于美国和俄罗斯；石油资源丰富，2011 年基础储量约为 2158 亿吨，产量仅为 32 亿吨，占基础储量的 1.48%；2011 年天然气基础储量为 4 万亿立方米，产量只有 1025 亿立方米，占基础储量的 2.56%。中国的水资源十分丰富，其理论蕴藏量相当于 6.19 万亿千瓦时的年发电量，占世界水力资源量的 12%，居世界首位；2010 年中国核电产量为 738.8 亿千瓦时，占全球的 2.7%，位居世界第九；2011 年比 2010 增长 16.9%、达到 863.9 亿千瓦时。按目前估计，中国拥有世界第三位的煤炭探明可采储量，第一位的水力资源蕴藏量和第九位的核电产量[1]。但是，中国的单位 GDP 能耗却很高，为发达国家的 4~6 倍。中国每公斤标煤 GDP 仅为 0.36 美元，日本为 5.58 美元，是我国的 15 倍[2]。

目前我国是世界第二大能源消费国,能源年产量以 4%~5% 的速度增长,而这样的增长速度还远远满足不了国民经济发展的需要,供需矛盾日益显现。全国各地频频传出有拉闸限电的报道。自 1990 年以来,我国的煤炭产量一直稳居世界第一。2013 年我国全年发电量达到了 5.24 亿千瓦时,是美国的 1.3 倍。煤炭作为燃料直接燃烧掉是一种极大的浪费,而且还会对环境造成严重的污染。在用煤炭发电的过程中会产生大量的 CO_2、SO_2 和粉尘,对大气环境造成严重的破坏,并加剧了温室效应,产生大面积的酸雨,破坏我国的生态环境。2013 年年初以来,我国中东部地区出现了严重的雾霾天气,特别是北京、天津、西安等大城市的雾霾现象尤为严重。雾霾产生的原因很多,主要原因包括汽车尾气排放、城市建设污染、煤炭排放等。雾霾最严重的城市同时也是堵车最严重的城市,如北京、上海,当然不是偶然,但是治理汽车尾气如油品升级不会很难;城市建设污染也是可控的。PM2.5 是形成雾霾最重要的直接内因,而二氧化硫、氮氧化物及烟尘又是形成 PM2.5 最重要的污染物。2012 年我国二氧化硫排放总量 2118 万吨,氮氧化物排放 2338 万吨,烟尘排放 1234.3 万吨。美国环保局数据表明,美国 2012 年二氧化硫排放为 562 万吨,氮氧化物排放 1116 万吨,烟尘排放约为 443 万吨。欧洲环境署给出的 2011 年数据中,欧盟 28 国二氧化硫排放 458 万吨,氮氧化物排放 884 万吨,烟尘排放 487 万吨。可见,我国的排放是美国和欧盟 28 国的 2~3 倍,其中二氧化硫排放接近欧盟 28 个国家总和的 5 倍。这样的排放背景下,雾霾很难避免。而煤炭消费正是中国三大污染物排放的主要来源。世界上一半的煤炭在中国燃烧,我国二氧化硫、氮氧化物及烟尘的排放绝大部分来自于煤炭燃烧。我国 2013 年煤炭消耗占一次能源比重达 66%,而美国和日本煤炭消耗在一次能源中一直维持在 25% 左右。在我国煤炭消耗中,大约一半用来发电,虽然目前的燃煤发电减排技术已经相当成熟,但由于煤炭消费的基数庞大,导致每年的排放量依然非常惊人。按照目前燃煤发电的节能减排技术,二氧化硫、氮氧化物以及烟尘的减排效率分别可以达到 95%、70%~90% 和 99%。但即使有这样的减排技术,燃煤发电每年还是排放了二氧化硫 884 万吨、氮氧化物 949 万吨以及烟尘 156 万吨。仅燃煤发电排放的二氧化硫和氮氧化物就几乎占到了总排放量的一半[3]。目前,我国在短期内还无法大规模替代煤炭,那么,雾霾治理政策的另一个关注点应该是低阶煤提质和煤的清洁利用[4~5]。因此,面临着如此严峻的能源和环境形势,我们必须加快开发新能源,提高能源利用效率。

1.2 采用热泵回收余热的意义

目前世界上能源利用率较高的国家有日本(57%)、美国(51%)、欧盟(40% 以上)。即使是工业发达国家,他们的能源利用率也不是很高,有 40%~60% 的热量被浪费掉。而我国的能源利用率与发达国家相比差距较大,能源利用率不到 30%，相当一部分废热被排放到环境中，不仅浪费了大量的能源，增加了生产成本，而且对环境也造成了污染。由此可见，余热、废热利用有着重要的意义，可以降低生产成本，减少环境污染，提高经济效益。我国有着丰富的余热资源，余热利用潜力很大，其中有很多具备余热温度高、热流体流量稳定等较好利用条件的地方还没有得到利用，比如，火力发电厂中的汽轮机冷凝水放热，由于其品位低而一直没有被利用。虽然近年来鲜有电厂采用低真空运行方式用循环冷却水来给用户供暖，但是数量还很少，而且供热量也不大，大部分冷凝水中的热量还是排放到环境中去了。据统计，我国东北地区每年大概有 $5.5 \times 10^8 \text{GJ}$ 的低温热源热量未被利用，低温热源热量的利用有重要的意义。利用热泵技术可以很好地利用这部分低温余热。

我国建筑能耗超过全国总能耗的四分之一，这部分能耗还将随着人民生活水平的日益提高而快速增长。我国建筑能耗中用于空调、采暖与生活用水的占60%[6]，这部分能耗有几个特点：（1）所需热源品位低。热能根据其温度的高低可以分为低品位热能和高品位热能。热能温度越接近环境温度，则热能品位越低；反之，则越高。而建筑采暖所需的热能温度一般低于 100℃，空调所需的冷源温度一般高于 5℃，都属于低品位热源。（2）所需热源温度范围窄。建筑供热热水温度为 45~60℃，空调冷冻水温度通常为 5~12℃。（3）所需热源温度与自然环境温度接近。以北京为例，土壤和地下水温度全年约为 14℃、电厂冷却水温度在 30℃以上、空气温度一般为 15~40℃。这些温度范围与空调供暖供热所需的温度范围很接近。虽然自然能源与建筑能源的温度比较接近，但是这种低品位能源用来发电是几乎不可能的。为实现利用低品位热量的目的，我们可以借助热泵技术来实施。热泵是一种高效节能的低温余热利用设备，这种设备可以从自然界和工业余热、废热中吸收热量，提高低温热源的品位，满足建筑空调和采暖的需要。使用热泵系统可以达到为建筑物夏季制冷、冬季制热以及全年生活用热水的需要，不仅可以提高低品位热源的品位，达到节约能源的效果，还可以一机多用，并且具有使用运行稳定、使用寿命长等优点。使用热泵供暖与直接用电采暖相比较，可以节省 70%左右的电能。利用热泵技术是节约能源的有效途径。

1.3 热泵技术概述

1.3.1 吸收式热泵在国内外研究进展

吸收式热泵（absorption heat pump，简称 AHP）作为一种以一定量高温热量为补偿，从低温位热源汲取热量并将之输送给高温位热水的设备，可以达到有效回收利用余热的目的，因此其在节能方面有广阔的应用前景。常用的吸收式热泵溶液工质有以水为溶剂的氨水溶液及以水为工质、溴化锂稀溶液为溶剂的溴化锂溶液。由于氨水溶液的发生作用需要增加一套精馏设备，而溴化锂溶液对金属材料的腐蚀作用已经通过隔绝氧气和添加缓释剂等多种措施得到有效控制，因此目前主流吸收式热泵机组基本上都是以溴化锂溶液作为系统循环制热工质。

热泵技术的诞生最早可追溯到 1824 年，卡诺提出："制冷机也可以有效地用于供热。"这一经典的表述似乎就预示了当今热泵技术的飞速发展和全面进步。世界上第一台热泵机组在 20 世纪中叶的欧洲诞生，它把莱茵河的河水作为低温热源，机组循环系统设计为冬季供暖、夏季供冷。其输出的热水温度达到了60℃，但是由于当时技术不成熟及制造成本等原因，热泵技术的发展一直比较缓慢[8]，直到了 1852 年，由 L. Kelvin 提出了基于热泵技术的新型供暖模型，人们才逐渐意识到基于热泵技术的供暖系统与现有的供暖系统相比，其节能效果十分明显[7]，随之人们对热泵技术的研究推向高潮，但是由于当时化石燃料供应充足、价格十分低廉，因此热泵技术并没有得到大规模的推广。直到 20 世纪 70 年代全球性石油危机爆发，导致原油价格大幅上涨，热泵技术才迎来了全球发展的春天。美国、日本等发达国家在热泵领域内的研究和发展处于领先地位。除美国和日本以外，其他一些能源紧缺的国家如英国、法国、意大利、德国、瑞典等都对热泵技术做了大量的研究工作。目前，工业热泵主要应用在酿造、纺织、木材、食品加工、石油化工、海水淡化、热电以及冶金等领域。

国内热泵技术的发展从 20 世纪 60 年代开始，但限制于当时粗放经营、计划经济等社会因素影响，且加上国家对节能技术的相关扶持政策较少，最终导致热泵技术在国内相当长一段时间内发展十分缓慢。直到改革开放以后，国内经济飞速发展，一定程度上促使了热泵技术在国内的普及与发展。尤其是近些年来，伴随着全球能源危机的加剧，国家相关节能扶持政策的出台，我国的热泵技术迎来了发展的春天。其中，《中华人民共和国节约能源法》第三十九条指出："将热、电、冷联产技术列为国家鼓励发展的通用技术"。国家经贸委《2000～2015 年新能源和可再生能源产业发展规划要点》指出："积极推广地热采暖和地热发电技术"、"加快地源热泵技术的引进和开发，加速国产化"。

现阶段国内有关吸收式热泵技术的研究状况主要集中在以下两点：

（1）对新工质的研发。吸收式热泵机组采用何种溶液工质决定了其机组运行的条件、性能以及设备配套所选用的管件材质和投资规模等。吸收式热泵系统常用的循环工质基本上是 NH_3-H_2O 溶液和 $LiBr$-H_2O 溶液两种，但是 NH_3 毒性和 $LiBr$ 溶液对金属材料的腐蚀性使这两种工质的广泛应用受到限制。因此，对新型工质的研究仍在进行中。同时，还有一些研究人员致力于传统工质的改进，比如针对 $LiBr$ 溶液的通过添加缓蚀剂等方法来减小其腐蚀性，并且已经有了阶段性成果，如 $LiBr$-$LiNO_2$-H_2O、$LiBr$-$ZnCl_2$-H_2O 等工质对的出现。

（2）对溶液吸收-发生循环的改进。为了得到更高温升、更高效率的热泵系统，在研究过程中对溴化锂溶液吸收-发生循环的优化进行了许多尝试。如现在的双效、三效吸收循环技术，实现了更高的机组制热效率；单效式与双效式联合循环运行的形式等。并且在吸收式热泵的驱动能源选择上也扩展到了利用太阳能、地热等可再生能源[9]。

1.3.2　吸收式热泵在余热回收方面的应用

在国外，利用吸收式热泵系统回收余热技术的研究已有多年的发展。早在1976年，美国 B.C.L. （Battdle Clumber Labs）就已经提出这一概念并进行市场预测，确信该项技术有很高的实用价值，并于1980年与 A.C. 公司（Adolphcooc Compange）合作，共同研发出较为完善的吸收式 AHT 系统，1983年已能规模化生产，并将它用于回收炼油厂中汽提塔和蒸馏塔塔顶蒸汽的冷凝余热，以及造纸厂制浆工艺和食品加工过程中泄漏蒸汽的余热。日本在吸收式热泵的制造和应用方面也较为先进，1981年以来，日本的三洋公司已为日本和全球各地建立了20套大型吸收热泵装置，部分机组已成功运行十年以上。同时在日本的千叶工厂，已将吸收式热泵装置集成于橡胶装置中的凝聚釜顶废热回收系统中，并且取得了良好的效果，据记载其改造投资回收期只有15年。

在溴化锂吸收式热泵技术上我国已经积累了雄厚的技术基础，但在吸收式热泵系统的应用技术上还比较落后。近几年来，大量的研究工作者对吸收式热泵技术用于回收利用工业余热方面做了很多工作：

（1）2007年，太原理工大学根据山西某热电厂冷凝抽汽工况条件设计了基于单效吸收式热泵机组的新型热电联产系统。改造后的热电联产系统在原有汽轮机抽汽量不变的条件下回收汽轮机冷凝余热，实现热网供热负荷增大、热电厂一次能源利用率提高、节能减排的目标，实际运行工况良好，经济效益和社会效益显著。

（2）辽河油田进行了吸收式热泵用于稠油污水余热回收的仿真和优化，利用单效第一类吸收式热泵回收稠油污水的余热并为石油长输管线伴热、用户供暖及锅炉自来水加热等提供热源。运行工况良好，获得较大的经济效益和社会效益。

（3）大庆石油学院结合油田的实际情况，通过对油田污水热源和油田用热要求的分析，探讨了采用单效第一类吸收式热泵为油田的生产过程供热的可行性、节能和经济效益[10]。

（4）2008年，清华大学提出了基于 Co-ah 循环的热电联产集中供热方法。其中，对热电厂的冷凝余热利用双效吸收热泵机组配合单效吸收热泵机组的方式，其设计目标是实现依靠热电厂冷凝乏汽、冷凝余热及汽轮机抽汽并以此对热网回水进行升温[11]。

参 考 文 献

［1］刘进科. 中国能源经济可持续发展研究［D］. 包头：内蒙古科技大学，2013.

［2］冯世良. 我国新能源发展现状及开发前景［J］. 中国石油和化工经济分析，2007（16）：16～21.

［3］林伯强. 从调整能源结构入手治理雾霾［N］. 中国电力报，2014-03-04（1）.

［4］陈贵锋，罗腾. 煤炭清洁利用发展模式与科技需求［J］. 洁净煤技术，2014，2（20）：99～103.

［5］南峰，钟晓晖. 蔚州单侯矿长焰煤振动混流干燥实验研究［J］. 煤炭技术，2012，4（31）：241～243.

［6］戴永庆，等. 溴化锂吸收式制冷技术及应用［M］. 北京：中国建筑工业出版社，1996.

［7］Pongsid Srikhirin, Satha Aphornratana, Supachart Chungpaibulpatana. A review of absorption refrigeration technologier［J］. Renewable and Sustainable Energy Reviews, 2001（5）：343～372.

［8］隋军，李淞平，袁一. 工业环保与节能的有效手段——吸收式热泵技术［J］. 化工进展，2001，6：46～49.

［9］耿惠彬，戴永庆，蔡小荣. 世界各国吸收式制冷技术的研究与开发［J］. 机电设备，2003，V20（2）：28～34.

［10］张永贵. 油田污水余热回收方案及其经济效益测算［J］. 节能技术，2003，V21（119）：8～9.

［11］付林，江亿，张世钢. 基于Co-ah循环的热电联产集中供热方法［J］. 清华大学学报（自然科学版），2008，48（09）：1377～1380.

2 溴化锂吸收式热泵制热原理及分类

2.1 溴化锂二元溶液的性质

2.1.1 溴化锂二元溶液的一般性质

溴化锂溶液是由固体溴化锂溶解于水中生成，且金属锂与钠同族、溴又属于卤族元素，因而溴化锂的性质与食盐很相似，在自然环境中不会变质、分解或挥发，吸水性极强，是一种较为稳定的物质。溴化锂无水晶状粉末的基本性质见表2-1。

表 2-1 溴化锂无水晶状粉末的基本性质

项目	相对分子质量	质量分数/%	外观	密度/kg·m^{-3}	沸点/℃	熔点/℃
数据	86.856	Li：7.99；Br：92.01	无色粒状结晶体	3464	1265	549

溴化锂存在的物性特征除了无水粉末和水溶液外还会产生带水结晶物等，其最大的特征就是强烈的吸水性，且相同压力下溴化锂的溶解、蒸发温度远远高于水的饱和温度，这是实现吸收式热泵循环的工质基础[1]。溴化锂-水溶液的化学性质见表2-2。

表 2-2 溴化锂-水溶液的化学性质

成分	溴化锂	缓蚀剂/%	碱度	密度/kg·m^{-3}	沸点/℃	熔点/℃
质量指标	86.856	Li：7.99；Br：92.01	无色粒状结晶体	3464	1265	549

2.1.2 溴化锂二元溶液的热物理性质

2.1.2.1 结晶温度

同大多数盐类的性质相似，一定浓度下的溴化锂溶液会随着温度降低到一定程度而出现结晶现象，此时的溶液温度即为该浓度下的溴化锂结晶温度。因此，在实际工程应用中应当严格控制溴化锂溶液的温度降，防止因工质结晶造成的装置堵塞。

2.1.2.2 溴化锂溶液的 p-t 关系、h-ξ 关系

溴化锂的溶解蒸发温度非常高，而且在自然环境中不会挥发，所以溴化锂溶液的气相蒸气压力为水蒸气压力。同时随着对溴化锂溶液热物性的不断研究，许多研究者逐渐总结模拟出了溴化锂溶液热物性的多个重要经验公式，其中最主要的有溴化锂溶液的 p-t 关系和 h-ξ 关系。

溴化锂溶液的 p-t 关系是指水蒸气与溴化锂溶液处于气-液平衡状态时溶液的质量浓度、饱和水蒸气压力、温度三者之间的关系，不同压力和溴化锂溶液浓度下气-液平衡时的饱和温度数据可通过查表获得。在溴化锂溶液中溶质溴化锂是非挥发性物质，因此，溶液的气相蒸气压为纯水蒸气压力。实验表明：在温度不变时，溴化锂溶液的饱和蒸气压与溶液的浓度有关，随着浓度的增大，蒸气压力越小；而浓度不变时，溶液的饱和蒸气压与溶液的温度有关，温度越高则压力越大。溴化锂溶液的 p-t 图展示了溶液的压力、温度和浓度三个状态参数间的相互关系，它是主要的热力性质图之一。这三个状态参数之间只要知道其二，就可根据 p-t 图或者查表找出对应的第三个状态参数。用溴化锂溶液的 p-t 图可以判断热泵机组运转是否正常，热泵机组内溶液的浓度是否合适，也可用来确定热泵机组的正确调整。

规定温度为0℃、质量分数为0%时溴化锂溶液的焓为 4.1868kJ/kg 时。溴化锂溶液的焓随温度和质量分数变化也可通过查表获得。

在忽略工质流动时进出口的动能和位能的影响时，溴化锂吸收式热泵各部件与外界的热交换，可用稳定流动能量方程式（2-1）来计算：

$$q = h_2 - h_1 \tag{2-1}$$

若能知道各点的焓值，则各部件与外界的换交换量就可以计算出来。

溶液中水蒸气的饱和压力比同温度下纯水的饱和压力低，因此与溶液相平衡的水蒸气是过热状态（相对于纯水的饱和状态而言）。当已知这三个状态参数（ p、t、ξ ）中的任意两个时，就可以用 h-ξ 图或者表格来确定相应点的焓值，得到了焓值就可以算出热泵各部件的热交换量。也可以把各点的参数标注在 h-ξ 图上分析吸收式循环的完善程度[2]。

2.1.3 溴化锂-水二元工质对溶液的腐蚀性

溴化锂溶液对金属具有一定腐蚀性，影响其腐蚀性的主要因素有如下几方面：

（1）氧气。大量研究表明[3]，当吸收式装置中进入空气（氧气）时，溴化

锂溶液的腐蚀性会明显增强，且其腐蚀性随着溶液的浓度、温度的升高而增强。拆卸大量长时间运行的溴化锂吸收式热泵装置后发现，热泵机组内部装置的腐蚀程度存在很大的差异，主要表现为：高温热交换器腐蚀现象比较轻微，这是因为发生器内部在系统运行中始终被溶液充满，虽然此处溶液浓度、温度都非常高，但其发生压力与环境压差较低、空气渗入不明显，接触氧气的机会少，腐蚀不明显。吸收器内部溶液温度、浓度都相对较低，但在其上半部分筒壁和蒸发器的水盘等部位腐蚀现象比较明显。这是由于运行压力远远低于环境压力，极易产生空气渗入，加之运行中溶液飞溅等因素共同造成了此部位严重腐蚀的现状。因此在工程实际运行中必须保证装置完整的气密性。

（2）温度。大量实验表明，溴化锂溶液的腐蚀性在其溶液温度突破165℃时急剧增大。因此在吸收式热泵系统的设计应用中应尽量避免发生器运行压力高于温度为165℃时溴化锂溶液的饱和压力。

另外，溴化锂溶液的腐蚀性还与溶液浓度、pH 值有关，但只要控制吸收式热泵机组能够合理安全地运行，溶液浓度、pH 值对溶液腐蚀性的影响将十分有限。在实际运行中，一般会通过在溶液中添加缓蚀剂的方法来减轻其腐蚀性。总之，选取合理的运行工况、及时全面的维护保养是保证吸收式热泵机组长久运行的保障。

（3）溶液的 pH 值。pH 值在 9.0 ~ 10.5 范围内，相当于 LiOH 的浓度在 0.01 ~ 0.14 mol/L 之间，对金属的腐蚀率较小。

（4）溴化锂的质量浓度。当系统中真空度较高而氧含量极少时，溶液的腐蚀性与其浓度关系不大，但当因泄露等原因使真空度下降而氧含量增加时，稀溶液腐蚀性大于浓溶液（因稀溶液中氧的溶解度大）。为降低溴化锂的腐蚀性，通常在其中添加缓蚀剂，在金属表面形成一层细密的保护膜，常用的缓蚀剂有钼酸锂和铬酸锂等。缓蚀剂在溴化锂溶液中的含量见表 2-2。

2.2 溴化锂吸收式热泵制热原理

2.2.1 溴化锂吸收式热泵各部件作用与高、低温制热循环

鉴于双效吸收式热泵系统与单效吸收式热泵系统制热原理、各部件作用的相似性，以下仅以单效吸收式热泵系统的结构示意图为例对吸收式热泵装置中各部件的作用及其在制热循环中的重要性予以分析说明。图 2-1 所示为单效吸收式热泵机组循环流程，也是第一类吸收式热泵系统最基础的运行流程。由图 2-1 可见，此类热泵机组主要由四部分构成——蒸发器、吸收器、发生器和冷凝器。其中，机组循环溴化锂溶液只在吸收器和发生器中循环，而蒸发器和冷凝器中只有冷剂水和冷剂水蒸气循环。

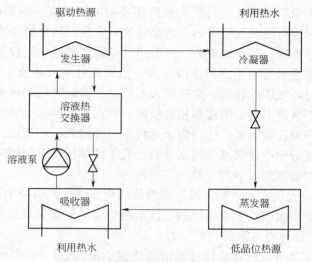

图 2-1　单效吸收式热泵机组循环流程

为了深入揭示上述两种工质循环间的制约关系，本书从压力变化的角度将吸收式热泵制热循环分为高温、低温两个环节，并重新审视吸收式热泵内部各装置的作用和意义。

吸收式热泵装置中蒸发器、吸收器、溶液发生器、冷凝器四个环节均在负压环境中运行，但各环节运行压力均不相同甚至差异很大，同时装置内循环的溴化锂溶液和冷剂水的温度状态均由各环节内部运行压力决定。所以，按循环温度、压力的不同将吸收式热泵系统分为两组：一组为高温制热循环，包括溶液发生器和冷凝器，其运行压力由冷凝温度（热水出水温度）决定；另一组为低温制热循环，包括蒸发器和吸收器，其运行压力由蒸发温度（余热水出水温度）决定。这两组制热循环之间的运行压差非常大，所以整个吸收式热泵系统循环需要通过溶液循环泵及节流降压阀将高、低温两组制热循环连通运行。具体分析如下：

（1）由蒸发器的蒸发压力确定吸收式热泵低温环节的循环工况。

1）蒸发器与蒸发压力。蒸发器作为吸收低温热源热量的装置，其运行压力由蒸发器中余热水出口温度的饱和压力决定。例如，蒸发器余热水出口温度为20℃，考虑2℃的传热温差，蒸发器中运行压力即为18℃饱和水蒸气的绝对压力，即保证了来自冷凝器冷剂水节流降压后在蒸发器中充分膨胀汽化、高效吸收低温热源的热量。

2）吸收器。吸收器中回流的溴化锂浓溶液吸收来自蒸发器产生的低温冷剂蒸汽，其运行压力基本和蒸发器运行压力相同，由于其内部不断进行的吸收作用，实际运行压力会较之蒸发压力低20Pa左右，差值很小。而且根据溴化锂溶液的热物性及吸收器运行压力，可以确定吸收器出口溴化锂稀溶液的饱和温度。这一温度值的确定不仅对进入吸收器的热水温度有了明确的限制，同时影响吸收器溴化锂稀溶液的出口温度。

所以热泵机组余热水出水温度确定了蒸发环节及吸收器运行环节中的压力，并进一步限制热水回水温度及吸收器出口溴化锂稀溶液温度。

（2）由冷凝器中的冷凝压力确定吸收式热泵高温环节的循环工况。

1）冷凝器与冷凝压力。热水在冷凝器中二次加热升温并最终达到设计目标温度，所以冷凝器的运行压力与热水升温的目标温度有关。例如，吸收式热泵热水出水温度为70℃，综合考虑2℃的温差，冷凝器的运行压力即为72℃对应的饱和水蒸气的绝对压力。来自发生器的过热冷剂蒸汽在冷凝器中冷凝降温最终转变为运行压力条件下的饱和水温度下。

2）发生器与发生压力。吸收式热泵装置的研发和设计中，为减小设备的生产成本和后期运行费用，通常不会在发生器与冷凝器之间设置较高压差的节流装置。在吸收式热泵系统循环的热力分析中，认为发生器的运行压力与冷凝器压力等同，所以发生器产生的溴化锂浓溶液及发生过程中的平均浓度、溴化锂溶液的温度等均由冷凝压力决定。由溴化锂溶液的热物性可知，同等压力条件下，溴化锂溶液的饱和温度远高于饱和蒸汽温度，所以在发生器中产生的过热蒸汽温度等于发生过程的平均浓度溶液温度，其压力等同于冷凝压力。

综上所述，冷凝温度决定了高温循环的工况参数、蒸发温度决定了低温循环的工况参数。充分理解蒸发温度及冷凝温度对吸收式热泵循环的影响是从本质上对此类热泵系统进行热力计算与分析的重要基础。

（3）高低温循环工质的连接。高温循环与低温循环的运行工况均有各自的压力条件，且这两者之间的压力差十分巨大，所以高温循环与低温循环之间的连接就依赖于两个能够改变循环工质压力的重要设备。

1）溶液循环与溶液泵。溴化锂稀溶液从低温循环进入高温循环依靠溶液循环泵，是吸收式热泵动力循环的重要组成部分，也是此类热泵机组最主要的耗电单位。溶液循环泵的正常运行切实保证了发生器、冷凝器中的实际运行压力，同时也是调节溴化锂溶液循环倍率的重要手段。

2）蒸汽-水循环与节流阀。冷凝器中产生的高温且相对高压的冷凝水进入蒸发器中膨胀、汽化、降温需要通过连通于冷凝器与蒸发器之间的节流阀。与溶液泵的作用类似，节流阀的重要意义在于保证低温循环相对高温循环的真空度，且真空度是维持低温循环正常压力运行的首要保证，同时调节蒸发压力以及抵御空气侵入还需要真空屏蔽泵的作用。上述即是从压力变化的角度对吸收式热泵系统循环进行的又一次梳理，明确了蒸发温度、冷凝温度对系统循环工况的影响，深刻揭示了溶液循环泵与节流阀对高、低温循环连接和保证各环节正常工作压力的重要意义，为下文深度理解吸收式热力传热过程奠定了基础。

2.2.2 溴化锂吸收式热泵制热原理

吸收式热泵循环系统的制热原理是以溴化锂二元溶液热物性为基础，在驱动热源的作用下实现溶液吸收和发生循环可持续进行，这是建立在高温端驱动蒸汽作用、低温端回收余热能量以及中间温度端向热水释放热量的基础上。只要满足上述三个条件，此类热泵系统的制热循环和溶液循环可以相互推动、持续运行。详细过程如下：

（1）溴化锂溶液的吸收过程如图 2-2 所示。

连通的两个密闭容器，左侧为制冷剂水，右侧为强吸水性的溴化锂浓溶液吸收剂。随着吸收剂不断地吸收来自左侧的冷剂蒸汽，导致左侧冷剂容器内压力不断降低，进一步促进冷剂蒸汽不断蒸发，且伴随蒸发过程，左侧冷剂水的温度不断降低，这就产生了制冷效果。同时右边容器内的溴化锂浓溶液吸收冷却剂蒸汽放出的冷凝热而逐步被稀释，此过程即为溴化锂溶液的吸收过程。通常吸收过程的进行总会伴随着放热环节，所以吸收式热泵机组通过溴化锂溶液的吸收过程对低温热水升温并实现连续的吸收过程有重要作用。

（2）溴化锂溶液的发生过程如图 2-3 所示。

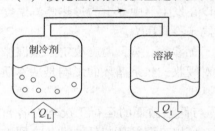

图 2-2　溴化锂溶液的吸收过程

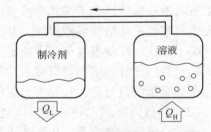

图 2-3　溴化锂溶液的发生过程

随着溴化锂浓溶液不断吸收冷剂蒸汽，浓度不断被稀释、温度上升到饱和温度，吸收过程就此终结。要使溴化锂溶液被循环利用，需要高温热源对溴化锂稀溶液加热实现稀溶液的放汽过程[4]，并且通过冷却水吸收冷剂蒸汽热量实现冷剂水的冷却环节，这是冷凝器中进行的冷凝放热过程。

通过溴化锂溶液的循环和蒸汽-水循环这两个流程，实现了利用少量的高品位热量获得大量的低温热量的吸收式热泵循环过程。这两套循环通过溶液泵及节流阀连通后完成了一套完整的吸收式热泵循环系统，如图 2-1 所示。

2.3 溴化锂吸收式热泵的分类与介绍

2.3.1 溴化锂吸收式热泵的分类

溴化锂吸收式热泵系统是一种以少量的高温驱动热能为补偿，实现能量从低温向高温输送的装置设备，其可用于生产工艺的加热，冬季采暖供热或提供生活热水等。

吸收式热泵按产出热水温位差异可以分为：输出热水温度低于机组驱动热源温度的第一类吸收式热泵，又称增热型热泵；输出热水温度高于机组驱动热源温度的第二类吸收式热泵，又称升温型热泵或者热变换器。这是吸收式热泵系统重要的两种分类，其各自的能量、温度转换示意如图 2-4 所示。

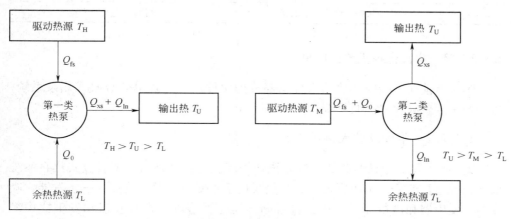

图 2-4　吸收式热泵的能量、温度转换示意图

第一类吸收式热泵需要高温热源驱动，同时吸收来自低温热源的能量并最终全部输送给中间温度的热水，在不计算传热损失的情况下热量得以充分利用；第二类吸收式热泵则是以大量中间温度热源与冷却水之间存在的温位差作为推动力，可以产生少量低压蒸汽并使少量处于中间温度的热水升温、品质提高，但是这种温位差产生的驱动力必须有大量热能传递给冷却水为代价[5]。吸收式热泵机组热能的重要指标为能效系数 COP，其计算方式如下：

$$COP = \frac{\text{输出热水的能量}}{\text{驱动热源供给的能量}}$$

第一类吸收式热泵机组的能效系数 COP 恒大于 1，一般为 1.5～2.5[6]。而第二类吸收式热泵机组的能效系数 COP 恒小于 1，一般为 0.4～0.5[7]。考虑集中供热一次网热水最高温度通常不超过 130℃ 的特点，本书研究的重点为第一类吸收式热泵机组。第一类、第二类吸收式热泵机组的基本特点和应用见表 2-3。

表 2-3　吸收式热泵的基本特点及应用

热泵类型	第一类吸收式热泵	第二类吸收式热泵
功能	制取 100℃ 以下热水	制取 150℃ 及以下热水或蒸汽
驱动热源	蒸汽、高温水、燃气、热排气	热排水、有机蒸汽和液体

续表 2-3

热泵类型	第一类吸收式热泵	第二类吸收式热泵
低温热源	海水、河水、热排水、地下水、太阳能热水	海水、河水、热排水、地下水、太阳能热水
循环	单效、双效（多效在开发中）	一级（二级在开发中）
热水回路	吸收器、冷凝器串联	吸收器
应用场合	房屋采暖、生活热水、给水预热、工程用热水	工程用热水或蒸汽
应用实例	集中供暖、供冷、温水养鱼	精馏、蒸煮工艺

2.3.2　第一类溴化锂吸收式热泵

第一类溴化锂吸收式热泵系统主要分为两种：一种是单效吸收式热泵系统，另一种是双效吸收式热泵系统。

2.3.2.1　单效吸收式热泵系统

图 2-5 所示为单效吸收式热泵系统的循环流程，也是第一类吸收式热泵系统最基础的运行流程。由图可见，此类热泵机组主要由四部分构成——蒸发器、吸收器、发生器和冷凝器。其中，机组循环溴化锂溶液只在吸收器和发生器中循环，而蒸发器和冷凝器中只有冷剂水和冷剂水蒸气循环。

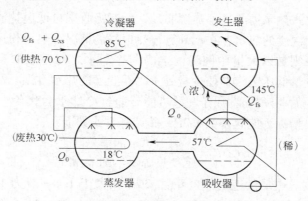

图 2-5　单效吸收式热泵系统循环流程

热泵系统的主要循环流程也分为四部分：

（1）发生过程。发生器是以高温烟气或蒸汽为驱动热源的动力装置，在这一过程中来自吸收器的溴化锂稀溶液被高温蒸汽加热并分离出过热冷剂蒸汽后变为浓溶液并最终返回吸收器。

（2）冷凝过程。由发生器产生的过热冷剂蒸汽将送往冷凝器中冷凝并对热水加热升温到目标温度，变为冷凝水后经过节流降压进入蒸发器。

（3）蒸发过程。压力骤降的冷剂凝水进入蒸发器中会迅速地膨胀蒸发，同时吸收来自低温热源的能量，这一过程实现了低温余热能量的回收利用，产生的低温低压蒸汽会导入吸收器中。

（4）吸收过程。由发生器产生并最终回到吸收器的溴化锂浓溶液会吸收来自蒸发器提供的低温低压蒸汽，同时将低温冷剂蒸汽冷凝放出的热量传送给初进机组的热水回水，这一过程是对热水进行（机组内部）的第一次加热升温。

上述过程可以简要概括为：溶液发生器吸收高温驱动蒸汽热量，其中一部分热量以溴化锂溶液为热载体传给吸收器，另一部分以高温冷剂蒸汽为热载体输送到冷凝器；蒸发器吸收低温余热的热量，以低温冷剂蒸汽为热载体输送给吸收器；吸收器通过溴化锂溶液的吸收作用吸收来自溶液发生器和蒸发器的热量并对热水回水加热升温，完成吸收、降温后的溴化锂稀溶液重新加压注入溶液发生器；冷凝器吸收来自溶液发生器的高温冷剂蒸汽热量对热水再次加热升温，完成降温、凝结后的冷剂水通过节流降压送至蒸发器。整个系统流程中，热水依次在吸收器、冷凝器中进行了两次加热升温。当不考虑换热损失的条件下，有：

$$Q_{fs} + Q_0 = Q_{xs} + Q_{ln}$$

式中　Q_{fs}——发生器负荷；

　　　Q_0——蒸发器负荷；

　　　Q_{xs}——吸收器负荷；

　　　Q_{ln}——冷凝器负荷。

第一类吸收式热泵机组的能效可以表达为：

$$\varphi_1 = \frac{Q_{xs} + Q_{ln}}{Q_{fs}} = \frac{Q_0 + Q_{lfs}}{Q_{fs}} = 1 + \frac{Q_0}{Q_{fs}}$$

由此可见，第一类吸收式热泵的制热系数大于 1，它能提供的热量大于发生器消耗的热量。但是，所得的热水温度低于发生器加热源的温度。

2.3.2.2 双效吸收式热泵系统

双效式热泵机组的循环流程如图 2-6 所示。

由图 2-6 可见，双效吸收式热泵机组的结构形式是在单效式的基础上演变而来，只是为了进一步提高低温余热的回收利用率，增加了一套低温溶液发生器，其低温溶液发生器的驱动热源为高温溶液发生器产出的过热冷剂蒸汽，这部分过热冷剂蒸汽在低温发生器中作为驱动热源放热后冷凝为高温冷剂水并流入冷凝器中进一步降温，而低温发生器中溴化锂稀溶液在经过发生作用后产出冷剂蒸汽并转变为浓溶液返回吸收器，这一过程中产出的冷剂蒸汽导入冷凝器中对热水进行加热升温。可见低温溶液发生器是双效式热泵系统不同于单效式热泵系统的最大区别。

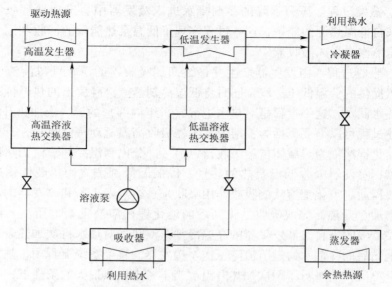

图 2-6　双效式热泵机组的循环流程

　　双效吸收式热泵系统循环可以在不需要额外驱动蒸汽的条件下增加溴化锂溶液循环量,同时促使高温溶液发生器产出的过热冷剂蒸汽的能量实现梯级利用,最终能够显著提高热泵机组的能效值。但是由于冷凝器中的冷剂蒸汽是由低温溶液发生器产生的,因此相比单效吸收式热泵系统而言,双效吸收式热泵系统冷凝器中的冷凝温度相对较低,即双效吸收式热泵机组可以提供的热水出水温度相对较低。从能量传递的角度看,在高温溶液发生器负荷 $Q_{g1} = Q_g$ 不变的条件下,低温溶液发生器有效循环作用可以增大热泵机组吸收器负荷 Q_{xs} 以及蒸发器负荷 Q_0,热泵机组的能效 COP 增大;同时,冷凝蒸汽是由低温溶液发生器提供的饱和蒸汽,所以冷凝器热水出水温度不高。

2.3.3　第二类溴化锂吸收式热泵

　　第二类吸收式热泵是直接利用温度较低的余热(如 70℃ 的热水)作为供热源,同时通过热泵来提高余热的温度水平(如提高到 100℃)。这种热泵不需要另外消耗高位能,又能提高余热的品位,从而提高其利用价值。

　　第二类热泵的系统如图 2-7 所示。它的特点是发生器、蒸发器所需的热量均由 70℃ 的余热水提供。这样,发生器由于热源温度低,产生的蒸气压力也低,约为 122Pa,而蒸发器中由于热源温度高,产生的蒸气压力也高,可达 19900Pa。因此,这种热泵的蒸发器和吸收器内的压力高于发生器和冷凝器内的压力。由于供至吸收器的蒸汽温度达 60℃,吸收后的稀液温度可升高到 108℃,这样,从吸收器就有可能获得 100℃ 的热水。

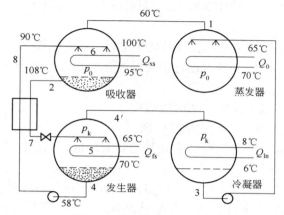

图 2-7 第二类吸收式热泵

第二类吸收式热泵的制热系数为从吸收器获得的热量 Q_{xs} 与发生器、蒸发器中消耗的热量总和之比，即：

$$\varphi_2 = \frac{Q_{xs}}{Q_{fs} + Q_0} = 1 - \frac{Q_{ln}}{Q_{fs} + Q_0}$$

由此可见，第二类吸收式热泵的制热系数将小于 1，一般在 0.5 以下。温度的提高幅度越大，制热系数越小。但是，由于它并没有消耗其他热能，而提高了余热的使用价值，因此仍是有价值的。

第二类热泵的另一个特点是：由于冷凝器的工作压力低，相应的冷凝温度也低，所需的冷却水要求是低温水（如 6℃ 的水），才能维持低压，以保证正常工作。

2.4 溴化锂吸收式技术的特点

溴化锂吸收式技术的特点如下：

（1）主要优点：

1）吸收式热泵系统的驱动力为高温热能，不但能源形式丰富而且取材范围广泛。其能源利用形式主要有两个重要特点：

① 能够回收利用大量低温热能如工艺产生的各种余热、废热、排热等，提高一次能源利用率，实现节能减排。

② 以高温热能作为驱动力，虽然高温热能的品位较高、价值较大，但远没有电力的价值和作用高，所以较传统压缩式热泵机组的节能效益会更加优异。当前在我国电力普遍紧缺的条件下，这类型热泵的工程应用价值更为突出。

2）吸收式热泵机组只有功率较小的溶液循环泵及真空屏蔽泵在运转，再无其他运行部件，机组运行安静无噪声。

3）吸收式热泵系统循环溶液工质多选用溴化锂溶液，无毒、无异味，满足环境要求。

4）整个系统各装置大多在负压环境中运行，不存在爆炸等安全隐患。

5）机组负荷调节随各装置运行压力的变化实现无级调节，应用范围广，适应能力强。

6）日常管理、维护便捷。现阶段结构装置的制造水平集成度高，日常可靠性高，便于自动化控制与模块化拆装维修。

7）由于机组运行非常安静，安装基础要求较低，因此同样适用于舰艇、医院、宾馆等高要求场所[8]。

8）单效吸收式热泵机组可以一机多用，冬季供热、夏季供冷，机组自身以及高温驱动热源系统全年运行的工况差异较小，安全生产得以保障。

（2）主要缺点：

1）机组对真空度的要求苛刻。通过实践表明，即便是漏入微量的空气也会严重影响机组的能效，因此吸收式热泵装置的制造工艺要求很高。

2）热泵机组循环运行中的制冷剂为水，因此通常情况下机组只能制取 5℃以上的冷媒水，多用于空气调节以及一些生产工艺用冷冻水，限制其夏季的使用范围。

3）溴化锂价格昂贵，且机组充灌量大，初投资相对较高。

参 考 文 献

［1］陈东，谢继红. 热泵热水装置［M］. 北京：化学工业出版社，2009.
［2］邱中举. 溴化锂吸收式热泵系统的研究［D］. 杭州：浙江大学，2011.
［3］韩吉才. 吸收式热泵技术在热电联供中的应用研究［D］. 青岛：中国石油大学，2009.
［4］Grover G S, Elisa M A R, Holland F A. Thermodynamic design data for absorption heat pump system operating on water–lithium chloride：part 1 cooling［J］. Heat Recovery System and CHP, 1988, 8（1）：33~41.
［5］辛长平. 溴化锂吸收式制冷机实用教程［M］. 北京：电子工业出版社，2004.
［6］王如竹，丁国良. 最新制冷空调技术［M］. 北京：科学出版社，2002.
［7］钟理，严益群，谭盈科. 水/二甘醇两级升温吸收式热泵的性能模拟［J］. Energy Research and Information, 1997, 13（3）：30~34.
［8］徐邦裕，陆亚俊，马最良. 热泵［M］. 北京：中国建筑工业出版社，1988.

3　开式吸收式热泵

3.1　开式吸收式热泵的应用背景

　　能源是人类经济社会发展的物质基础。能源可持续发展受到了世界各国的重视。随着经济社会的发展，人类正面临着可能出现的能源危机以及日益严重的环境污染和生态环境破坏问题。人类生活质量的进一步提高及生存环境的进一步改善，迫切要求解决这两个世界性难题。在这种背景下，作为一种优质、清洁的能源，天然气的利用日益受到重视。自 20 世纪末以来，世界各国纷纷制定了天然气的发展战略，天然气在世界能源结构中的比重正在逐渐提高。在这种国际大环境中，我国天然气的发展前景也日益受到人们的关注。

　　图 3-1 所示为煤、油和天然气的燃烧排放物比较。由图可见，相对于燃煤和燃油，燃气的 NO_x、SO_x、灰分等排放大幅减少[1]。

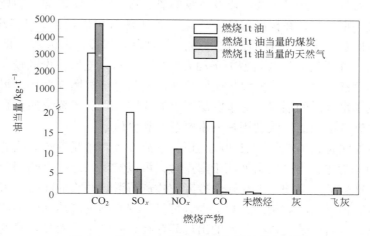

图 3-1　煤、油、天然气的燃烧排放物比较[1]

　　此外，天然气的使用还具有转换效率高、投资省和建设周期短等优势[2]。积极开发利用天然气资源已成为全世界能源工业的潮流。图 3-2 所示为我国一次能源的消费统计。可见，一次能源消费结构中天然气的比例正在逐年加大。随着我国天然气管网的进一步发展，在主要产气区与人口、工业密集区联网之后，天然气消耗水平将快速增加，天然气在一次能源结构中的比重将逐步得到提高。专家们预测，到 2020 年天然气需求量约为 2000 亿标准立方米，2050 年将达到 3000 亿标准立方米，也就是说，中国利用天然气的时代已经到来[3]。

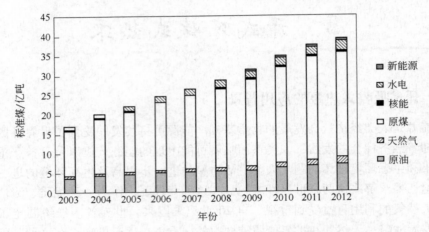

图 3-2　中国一次能源消费走势[4]

提高天然气的利用效率，是解决我国天然气供需矛盾的长效机制[5]。达到节能降耗的手段之一就是对燃气潜热进行有效利用。天然气成分中 85%~90% 是甲烷，剩余为其他一些烃类物质以及少量的氧、氮、二氧化碳等，燃烧时会产生大量水蒸气。据计算，在标准状态下，每 1m³ 天然气可以产生约 1.55kg 水蒸气（陕甘宁天然气），具有可观的汽化潜热，大约为 3700kJ，占天然气低位发热量的 10% 左右。在燃气锅炉及新型加湿动力循环中，水蒸气所占份额较大且一般以气态形式随烟气排放掉，造成大量能源浪费。尤其对于湿燃气循环，烟气的肆意排放更造成了水资源的浪费，对水资源匮乏的我国，降低了系统的可行性和经济性。可见，燃气潜热的回收利用具有重要意义和价值。

采用冷凝法是目前燃气潜热回收利用的主流方式。冷凝潜热回收的设备以换热器或冷却塔为主，当冷媒温度低于露点时，可以实现一定的潜热回收，但是回收的潜热温度较低，应用范围受限。冷凝方式进行潜热回收的同时也可以实现部分的水回收，但是回收质量差、数量少。可见，现有燃气潜热回收利用技术还存在许多问题，这类问题随该类技术的出现即存在，并且很难通过自身的进步加以克服。因此，开发新式高效的燃气潜热回收利用技术，从根本上解决潜热利用过程中存在的问题，是提高燃气潜热利用效率的重要途径。

开式循环吸收式热泵系统是以同时进行潜热及水回收为目的，在闭式系统的基础上结合液体干燥减湿原理发展而来的。该系统在潜热利用方面具有独特的优势，它不仅突破了传统水回收方法的不足，而且回收灵活、回收水质较高。该技术的应用可从根本上解决目前燃气潜热回收利用方式中存在的问题，满足天然气利用过程中节能降耗的要求，提高燃气的综合利用效率，进而促进天然气利用的环保性与经济性协调发展。

天然气成分以碳氢化合物，特别是以甲烷为主，燃烧产生水蒸气量较大，汽化潜热可观。研究表明，对于增设潜热回收的燃气锅炉，效率可提高10%左右[6]，节能优势明显。目前，国内外对于燃气潜热的回收利用还局限于冷凝换热方式，普遍采用的方法包括干式法和湿式法两种，使用以上两种方法的装置统称为烟气冷凝热能回收装置。将烟气冷凝热能回收装置与燃气锅炉结合起来即构成了可以回收燃气潜热的冷凝式锅炉。迄今为止，这也是燃气潜热回收利用的主要技术手段和工业应用[7]。利用供暖的回水作为冷源，吸收低温的热量用于区域供暖，即可起到减少燃料消耗量、节约能源的效果。

湿式法又称为直接接触换热型，是在烟气末端加设喷淋室用于燃气潜热回收的方法，如图3-3所示。工作过程中，喷淋水阶梯式下落，与烟气逆流接触，进行热量交换，热能回收率很高，同时可高效除尘及吸收有害物质。但是，此类装置回收的热能品质较低，凝结水含酸性，使用受到限制；混合换热装置长期与酸性喷淋水接触，易腐蚀，一般要采用铸铁、铝合金、耐酸钢材或塑料进行制造。

干式法又称为间接换热型，燃气潜热回收通过换热器来实现，如图3-4所示。冷却介质与烟气分别进入冷凝式换热器，通过换热，烟气温度降到露点以下，显热及一部分潜热得到回收。该方法潜热回收效果不但与冷媒的选取关系紧密，而且受烟气露点的影响显著。烟气露点温度随过剩空气系数的增加而降低。当燃气锅炉的过剩空气系数从1.05增加到1.6时，露点温度会从58℃降低到50℃左右。目前的燃气余热回收主要以水作为媒介，回收的热量多用于中低温采暖方面。如果以供暖回水作为冷媒，需要较低的温度才会有好的效果。

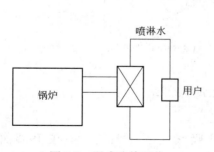

图 3-3　湿式法热回收

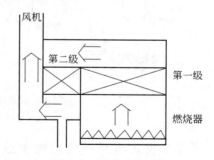

图 3-4　干式法热回收

目前针对间接换热方式的主要研究一方面围绕提高换热器的传热效果，从而达到较高的余热回收率展开，包括采用高效节能的换热器等。此外，针对供热回水温度高而难以直接回收烟气冷凝热、用预热空气法回收效率不高的问题，文献[8]提出了利用吸收式热泵回收燃气（油）锅炉烟气冷凝热的技术。此技术可应用于回水温度较高的采暖供热系统中。其回收热量作为热泵蒸发器热源，向外供热通过工质在吸收器和冷凝器内的吸收和冷凝过程放热加热供热回水实现。该方法燃气潜热回收部分仍采用冷凝法，只是冷媒水温度较低，可回收较多潜热，效果优于单纯使用换热器法。该方法虽然较冷凝法完善，但未能实现对烟气热量的梯级利用，高温部分的显热未能有效利用。同时，溶液再生部分引入高温热源也会对系统综合效率产生影响。所以，此系统用于燃气潜热回收并非优化的配置形式，未体现对烟气进行合理的综合利用，同样具有局限性。

可见，现有燃气潜热回收利用技术还存在许多问题，并且很难通过自身的进步加以克服。因此，要从根本上解决潜热利用过程中存在的问题，需要开发新式高效的燃气潜热回收利用技术。

3.2 开式吸收式热泵的研究进展

开式循环吸收式热泵系统（OAHP）将液体干燥除湿技术与热泵系统的加热效果结合起来，属于吸收式热泵系统的范畴。系统配置包括闪蒸室—吸收器—再生器（BAG）和吸收器—再生器—冷凝器（AGC）两种类型，如图 3-5 所示。BAG 类型的系统中，进入闪蒸室的液体全部为制冷工质；AGC 类型的系统中，进入吸收器的气体为不可吸收气体与工质的混合物。将开式吸收式热泵应用于烟气余热和水的回收过程，气体侧为烟气和水蒸气的混合物，符合第二种类型的系统配置。

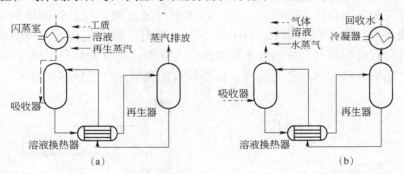

图 3-5 开式循环吸收式热泵系统

(a) BAG 型；(b) AGC 型

开式吸收式热泵系统的构思始于开式吸收式制冷系统。早在 1955 年，G. O. G. Lof 第一次提出了应用太阳能的开式液体干燥制冷系统。该系统利用三乙烯乙二醇吸收空气中的水蒸气，稀释后的溶液使用太阳能进行加热再生[9]。这就是开式吸收式制冷系统的雏形。该方向课题的开展为开式循环吸收式热泵系统的研究提供了基础。到二十世纪八十年代末九十年代初，有关学者开始进行开式循环吸收式热泵系统的相关研究。

1992 年 R. M. Lazzarin 等人发表了关于 OAHP 的研究文章，是进行开式吸收式热泵系统研究公开发表的较早文献[10]。他们的构思来源于利用太阳能的开式吸收式制冷系统。该文献构思了开式吸收式热泵系统并对系统性能进行了初步的研究。该系统以天然气作为加热源，冷凝器放热加热新风，用于房间供暖。系统配置如图 3-6 所示。

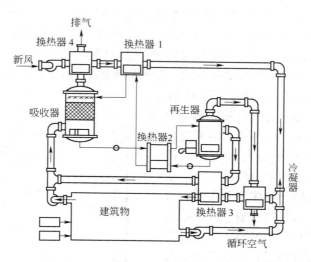

图 3-6　用于空间加热的开式吸收式热泵系统

系统主要包括用于排气减湿的吸收塔、以天然气作为加热源的再生器、冷凝器和一些换热器。采用的工质为水，吸收剂为溴化锂溶液。工作中一方面将冷凝器放热量用于空间加热，另一方面通过吸收器降低排气的含湿量，以利于废气的排放。在整体的系统流程中，工质侧的循环属于开式循环，而溶液侧仍属于闭式循环。在此基础上，R. M. Lazzarin 等人以冬季供暖房间的热负荷为标准对系统进行了模拟，对系统的 *PER*（一次能源系数，对于吸收式热泵等同于 *COP*）值及其影响因素进行了分析。结论表明，在其他参数不变的条件下，系统的 *PER* 值随溶液浓度的增大、液气比的减小及换热器冷凝器效率的增大而增加。但是在溶液浓度影响方面，溶液浓度的增大会受结晶点的限制，从而使得 *PER* 值的增大也有一定的限定范围。文献对换热器效率对系统 *PER* 的影响也进行了分析。当其他换热器效率固定时，*PER* 会随该换热器效率的增加而升高，系统总体 *PER* 值在 1.2~1.3 之间，与闭式系统相当。由此可见，开式系统虽然简化了配置，但是系统性能并未减少，理论上证明了系统的发展潜力。

文献［11］在文献［10］设置的系统中加入了制冷过程，使得系统成为可以交替提供热量和冷量的综合系统。文中对系统的性能进行了模拟，并就换热器性能对系统的影响进行了分析。计算结果表明，在冬季供热情况下，系统 *PER*

值会随换热效率的增大而上升，*PER* 综合效果在 1.2~1.4 之间。对于闭式循环或热机驱动的热泵这一数值很难达到。

干燥及减湿是吸收式热泵的主要应用场合之一，而对此应用开式系统的配置形式显然更具优势。废空气中含有大量的水蒸气。采用开式系统可以将空气中的水蒸气进行回收，同时还可以将排气进一步加热重新应用于干燥过程。J. S. Currie 和 C. L. Pritchard 对该形式系统进行了研究[12]。该项研究中，以喷淋干燥过程排出的中温湿空气为工作对象，采用双效开式循环吸收热转换器对其进行处理，处理后的高温干空气重新应用于干燥过程。

该项研究中采用了典型的吸收式热转换器系统，并且为了满足工作要求采用了双效系统的配置形式，如图 3-7 所示。

工作流程主要分为吸收和加热两个部分。吸收部分中，一部分浓溶液进入吸收器与中温下的湿空气进行逆流接触，溶液吸收一定的水分后被稀释，空气被干燥。在加热部分中，剩余部分浓溶液进入非接触再热吸收器。进入该设备之前，向浓溴化锂溶液喷入一定量的蒸汽，通过溶液稀释过程的放热以提高溶液的温度。高温的溶液与空气进行逆流非接触式传热，空气被加热到需要的温度排出系统，用于干燥过程。该系统仍然采用水作为工质，溴化锂溶液作为吸收剂。与前不同的是，考虑到溴化锂

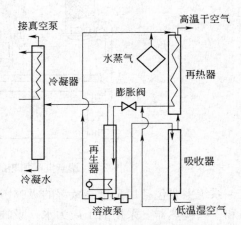

图 3-7　双效开式吸收式热转换器

溶液的腐蚀性，添加了 1% 的硝酸锂，以此混合溶液作为吸收剂。文献 [12] 中进行了一系列实验研究，对空气减湿效果、出口空气温度等进行了分析，并就溶液浓度、流率、入口温度，空气流率、温度和湿度等因素的影响进行了探讨。该系统性能系数（COP）在 0.2~0.3 之间，而再热空气出口温度可达 140~160℃。该项研究证明，使用热转换器不但将通常释放到环境中的空气废热进行回收，而且可将中温程度的空气温度进行提升。与传统加热空气喷淋干燥相比，该方法大大节约了燃料消耗。

此外，国内大连理工大学化学工程研究所提出了采用开式吸收式热泵回收氯碱蒸发工段的废热，并对该系统进行了理论分析[13]。该研究以齐鲁石油化学公司氯碱厂二次蒸汽余热回收为背景。该厂采用蒸发工艺对碱液进行浓缩，产生的二次蒸汽温度较低（只有 49℃）且含有少量的碱液。系统的主要特点是利用循环工质为 NaOH 溶液的第一类吸收式热泵的开式组合方式（OAHP）回收这部分

热量。利用吸收器直接吸收蒸发器产生的低压蒸汽，低压蒸汽放出潜热，温度被提高，由循环水送入预热器。再生器消耗中压蒸汽将溶液浓缩，产生的二次蒸汽直接送到盐水预热器去冷凝，放出热量预热盐水。对系统流程进行了模拟，结果表明，在有溶液换热器的情况下，系统性能系数（COP）较高而且稳定[13]。开式吸收式热泵性能系数（COP）随循环倍率（FR）增大而降低。模型的各个热力学参数之间互相影响，在优化的基础上可以取得较理想的性能系数（COP）。

Jernqvist 及其同事们对开式吸收式热转换器进行了深入的研究[14~16]。他们根据不同蒸发温度需求设计了一种新型开式循环吸收式热泵系统。系统采用多段配置形式以满足不同废热温度等级的蒸发需求，不同吸收器和再生器的分段数量同时受蒸汽质量要求和废热来源的限制。研究将这种新型系统应用于制糖等工业并进行了具体分析。在该系统配置形式下，可以较低的工质循环比（2.09）达到较高的系统性能系数（0.495），其性能系数（COP）高于一般的 AHT 系统。

本章以对烟气进行热和水同时回收为研究背景，系统构成属于第二类热泵系统，即系统不设置蒸发器，烟气直接进入吸收器与溶液接触，再生蒸汽通过冷凝器冷凝成水后加以回收，同时冷凝和吸收过程所放热量可以用于不同热用户。以上各文献中提出的系统应用目的各异（包括加热、干燥、水回收、热利用等），与本章不尽相同，但其研究思路和方法可为本章研究工作的开展提供一定的依据和参照。

3.3 开式吸收式热泵与冷凝方式燃气潜热回收效果的比较

传统燃气潜热的回收利用以冷凝方式为主。该方式具有操作简单的特点，但是其水及热回收效果受烟气露点影响显著。与此相比，本章提出的开式循环吸收式热泵（OAHT）系统虽然流程相对复杂，但是突破了冷凝方式的局限，实现水热同时回收。本章首先以回收潜热用于供暖为应用背景，构建了开式循环吸收式热泵系统。通过流程模拟，针对开式循环吸收式热泵与冷凝方式两类系统，以量化的手段对其热及水回收效果进行了分析和对比。

3.3.1 开式循环吸收式热泵系统描述

吸收式热泵系统的循环工质一般为水和水蒸气，具有环保和节能的双重特点。开式循环吸收式热泵系统是在闭式基础上进行的改造，包括两种类型：其一为省去闭式系统中的冷凝器，用闪蒸室代替蒸发器，再生器蒸出的水蒸气直接排放于环境中；其二为省去闭式系统内的蒸发器，气体直接进入吸收器与溶液进行接触，再生器产生的蒸汽进入冷凝器，冷凝水排出系统。系统中不用冷凝器和蒸发器，可消除在这两个设备中的传热温差，提高性能系数（COP）。

本章以对燃气潜热及水回收利用为研究背景，系统要同时具有液体除湿干燥和热泵供热的效果，因此采用系统二，即吸收器、再生器及冷凝器的配置形式，具体系统如图 3-8 所示。

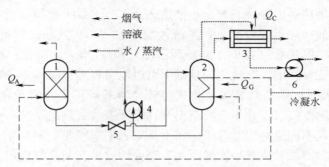

图 3-8　开式循环吸收式热泵系统
1—吸收器；2—再生器；3—冷凝器；4—溶液泵；5—膨胀阀；6—加压泵

吸收器为开式，操作压力为大气压；再生器为闭式，根据再生工质量及加热温度调节操作压力。以燃天然气锅炉及燃气轮机动力装置的排烟为推动力，烟气首先进入再生器，放出热量用于溶液再生，降温后进入吸收器与溶液接触，吸收放热量提供给热用户；再生蒸汽通过冷凝器冷凝成水，冷凝水被回收。由于吸收和冷凝过程中所放的热量均是由烟气中的水蒸气冷凝得到，因此实现了对烟气潜热的回收利用。可见，以上过程可同时实现对烟气潜热和水进行回收，且回收水不呈酸性，水质较高，效果优于冷凝法。

吸收过程中，湿烟气与来自再生器的浓溶液接触，当烟气中的水蒸气分压力大于溶液表面的饱和蒸气压时，水蒸气冷凝被溶液吸收，吸收器出口处烟气被干燥，溶液被稀释。伴随水蒸气冷凝，气液界面会产生大量潜热，这部分热量会被溶液及气体吸收，导致出口温度高于进口。溶液吸收热量温度升高，饱和蒸气压上升，导致压力差减小，传质速度变慢。针对以上问题，应该采用溶液侧带冷却的膜式吸收器，既能对溶液进行冷却，又可以对吸收过程放热量回收利用。

3.3.2　开式循环吸收式热泵工质的选择及参数确定

3.3.2.1　吸收式热泵系统工质选择

实际过程中，系统的性能和效率很大程度上依赖于工质的物性，同时系统的初投资及操作费用也与工质物性密切相关。因此，对工质物性进行研究，得到详尽的物性数据对循环计算是非常必要的。

吸收式热泵系统工质的选择要遵循以下标准：

（1）制冷剂在吸收器内的温度下对于吸收剂的可溶性要大，同时在蒸发温度相应的蒸发压力下溶解度也要大。

（2）吸收器内反应应迅速，浓溶液与气体快速达到平衡；吸收器的放热装置在分散、混合和传热过程中应足够迅速。这一点应该由流体高溶解度和低黏度特性满足。

（3）浓溶液中制冷剂具有高的含量，在以冷凝压力和温度蒸馏时可以以接近纯物质的形式回收。

（4）吸收剂应比制冷剂稳定，不易爆炸。纯吸收剂的正常沸点应高于制冷剂。

（5）在吸收混合流动和传热过程中，稀溶液和浓溶液的黏性应该低；纯吸收剂和制冷剂的黏性也应该低，但是如果黏性的吸收剂具有高溶解性时也可以使用。

（6）液体的冰点应低于操作过程中的最低温度。

（7）为了避免腐蚀性，易分解及其他不可逆的过程，流体应具有充分的稳定性。

氨水及 LiBr 溶液作为两种经典工质，满足以上所有要求，已经得到了广泛的应用。其中，氨水由于沸点较低主要应用于吸收式制冷机中，用于制冷；LiBr溶液具有较低的蒸气压，在制冷及热泵中都有应用。此外，近几年中，将其他金属卤盐溶液作为吸收系统工质对的研究也在开展中，有的已经得到了实际应用，其中，尤以 $CaCl_2$ 溶液较为普遍。

$CaCl_2$ 和 LiBr 溶液的不同可从各自的蒸气压图加以说明，如图 3-9 和图 3-10 所示。

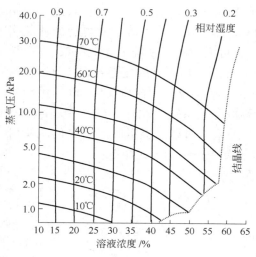

图 3-9　$CaCl_2$ 溶液蒸气压图

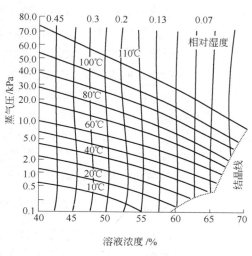

图 3-10　LiBr 溶液蒸气压图

（1）溶解度：图中虚线为结晶线，可见，LiBr 溶液的溶解度远大于 CaCl₂ 溶液，实际应用中的溶液浓度也很高，为 50%~60%，而 CaCl₂ 溶液与之相比较低。

（2）表面蒸气压：溶液除湿性能的好坏主要通过它的表面饱和蒸气压的大小来衡量，因此除湿溶液表面蒸气压是它最为关键的物理特性。在选择除湿溶液时，这应该是首要考虑的因素。除湿溶液的蒸气压是浓度和温度的函数，在相同的温度和质量浓度下，当与所接触的湿空气达到平衡时，LiBr 溶液的表面蒸气压低于 CaCl₂ 溶液，湿空气具有更低的相对湿度，表明 LiBr 溶液可以吸收更多的水分。

（3）再生温度：对于达到平衡状态时相同的空气湿度，LiBr 溶液浓度高于 CaCl₂ 溶液，因此 CaCl₂ 溶液的再生温度要低于 LiBr 溶液，更利于有效地利用低温热源。

（4）经济性：以目前市场价格为标准，无水 CaCl₂ 大大低于无水 LiBr，用除湿溶液的百分比浓度来计算，若采用相同体积的除湿溶液，配制 55% 的 LiBr 溶液所需要的价格将是配制 50% 的 CaCl₂ 溶液的 90 倍左右。

（5）腐蚀性：溶液的腐蚀性由其酸碱性及温度决定，酸性及温度增加均会使腐蚀性加大。CaCl₂ 溶液 pH 值小于 LiBr 溶液且偏酸性，对金属的腐蚀性要强，但是 LiBr 溶液的再生温度高，这又增强了它的腐蚀性。

在本章的应用背景下，开式循环吸收式热泵系统中除湿溶液需要具有较高的浓度，经济性及高再生温度造成的腐蚀性成为主要考虑的因素。因此，本章采用 CaCl₂ 溶液作为吸收剂。

以 CaCl₂ 溶液作为吸收剂在空气减湿干燥的空调领域应用比较普遍，而在吸收式热泵及制冷机中的应用并不广泛。M. A. R. Eisa 曾就应用于吸收式热泵及制冷机的不同工质进行研究[17]，其中包括 CaCl₂ 溶液，作者分别对可逆循环及实际循环两种情况下系统的性能进行了分析，可逆情况下系统的性能系数（COP）仅与各部件的操作温度有关，实际情况下以工质焓值计算的性能系数（COP）与物性密不可分。由于缺少精确的理论数据，文献 [17] 中在涉及与 CaCl₂ 溶液物性相关的参数计算时采用文献 [18] 实验拟合关系式。此外，在 R. M. Barragan 发表的文章 [19] 中也采用了相同的拟合关系式对第二类吸收式热泵的实验研究及双吸收第二类热泵进行了理论分析。文献中引用的公式如下：

（1）溶液浓度、温度与蒸气压的关系：

$$\log_{10}p_\mathrm{s} = 0.0557746X + 3.60351 - \frac{27.8467X + 1159.57}{T} \tag{3-1}$$

上式误差 1.74%，适用范围：41.9%<X<56.7%，40℃<T<105℃。

（2）溶液浓度、温度与焓值的关系：

$$\ln H = 0.147146X - 4.6662 + 6.49485\exp(-0.046855X)\ln T \tag{3-2}$$

上式误差 0.776%，适用范围：41.9%$<X<$56.7%，40℃$<T<$105℃。

3.3.2.2　相关公式

在吸收式热泵系统流程设计及优化的过程中，工质循环流率作为基本参数之一具有举足轻重的作用，在系统热力参数确定的过程中同样非常重要，它规定了工质流量比与溶液浓度之间的关系，表示为：

$$FR = \frac{M_{AB}}{M_W} \tag{3-3}$$

以浓度表示为：

$$FR = \frac{X_{GE}}{X_{GE} - X_{AB}} \tag{3-4}$$

由此，可以确定所需溶液流量。可由式（3-3）变换求得：

$$M_{AB} = M_W FR \tag{3-5}$$

用工质摩尔分数表示为：

$$FR = \frac{M_{CaCl_2} + X_{n2} M_{H_2O}}{M_{H_2O}(X_{n1} - X_{n2})} \tag{3-6}$$

3.3.2.3　工质平衡方程

开式循环吸收式热泵吸收器设计为开式，操作压力为大气压，逆流开式吸收过程如图 3-11 所示，根据吸收塔内物料衡算与操作线方程可进行参数设计。

根据物料衡算得到吸收器内的操作线方程：

$$Y = \frac{L}{V}X + \left(Y_1 - \frac{L}{V}X_1\right) \tag{3-7}$$

或以塔顶物料表示：

$$Y = \frac{L}{V}X + \left(Y_2 - \frac{L}{V}X_2\right) \tag{3-8}$$

以上两式是等效的，即：

$$Y_1 - \frac{L}{V}X_1 = Y_2 - \frac{L}{V}X_2 \tag{3-9}$$

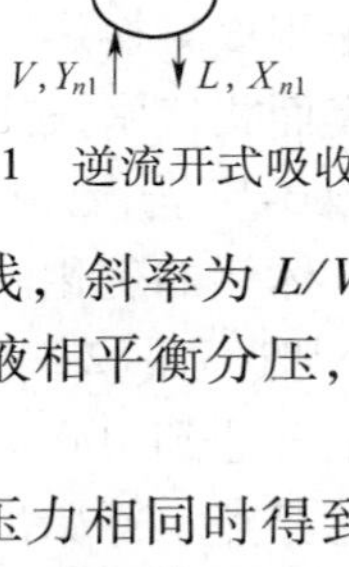

图 3-11　逆流开式吸收过程

可见，吸收过程的操作线是一条通过 1、2 两端点的直线，斜率为 L/V。在吸收过程中，溶质在气相中的实际分压总是高于与其接触的液相平衡分压，因此吸收操作线总是位于平衡线上方。

图 3-12 中平衡线是当溶液表面蒸气压与气相水蒸气分压力相同时得到，一般通过实验数据或经验关系式绘制。在吸收过程中，需要处理的气体流量及气体的初、终浓度可由任务确定，吸收剂的入塔浓度常由工艺条件决定或由设计者选

定，从式（3-9）可见，待定参数为 L 及 X_1，L 为吸收剂用量，可通过液气比近似得到。前已说明，液气比 L/V 即为操作线的斜率，现在可以得到一条直线，一端经过 X_{n2}、Y_{n2}，另一端经过 Y_{n1}、X_{n1} 待定。操作线可以围绕端点 2 自由旋转，当与平衡线相交时，表明出口处溶液蒸气压与进口气体水蒸气分压力相同，此时的 L/V 称为最小液气比，对应的吸收剂用量即为最小吸收剂用量。实际中，吸收剂用

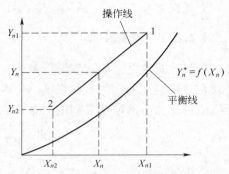

图 3-12　逆流吸收塔操作线与平衡线

量的大小应从设备费与操作费两方面加以考虑，选择适宜的液气比，使两种费用之和最小。根据经验，一般情况下取吸收剂用量为最小用量的 1.1~2 倍比较适宜[20]。烟气的回收水量即为开式热泵的工质量，设计要求实现 50% 的水回收。

3.3.3　供暖工况算例

分别采用开式吸收式热泵法和冷凝法对燃气潜热进行回收，以供暖回水作为冷媒吸收热量，设定相同边界条件，对两系统的回收效果进行对比。

3.3.3.1　冷热源设计参数

（1）热源：以甲烷为燃料，对燃烧后的低温烟气潜热回收，不同含湿量通过改变过量空气系数控制。选取排烟温度为 90℃，空气过量系数在 1~1.4 范围内变化，燃气流量 1kmol/h。

（2）冷源：以低温供暖回水为冷源，根据供暖设计标准选择回水温度 40℃，冷水流量 200kg/h。

3.3.3.2　表面式冷凝法燃气潜热回收流程

采用冷凝换热器进行燃气潜热的回收利用，流程配置如图 3-13 所示。排烟 1 进入表面式气水换热器，换热器出口烟气 2 温度降低，放出热量被冷流体吸收。

图 3-14 为湿燃气的焓-湿度图，图线 1-2-3 描绘了采用冷凝方式回收燃气潜热时气体侧的变化。曲线在 2 点发生转折，将整个放热过程分为两部分，其中 1-2 为冷却过程，2-3 为冷凝过程。1-2 过程中，气体放热仅表现为温度降低，虽然湿度上升达到 100%，但此过程未出现冷凝现象，仅显热被回收；2-3 过程中，气体到达露点，开始出现冷凝，随着温度降低，气体湿度将保持 100% 且沿此线变化，水蒸气继续冷凝，此时回收的热量主要是潜热。可见，冷凝方式对燃气潜热的回收只有当温度降到露点以下才能实现。

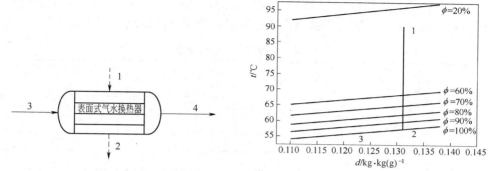

图 3-13 冷凝法燃气潜热回收

1—烟气进口；2—烟气出口；

3—冷水进口；4—热水出口

图 3-14 焓-湿度图

3.3.3.3 开式吸收式热泵系统设计参数

根据构建的吸收式热泵系统，吸收器放热量加热冷流体。在稳定条件下，开式吸收器为保证一定气体除湿效果，溶液饱和蒸气压要不大于气体的水蒸气分压力，极限情况下两者相等。具体参数见表 3-1。

表 3-1 开式循环吸收式热泵系统设计工况

参　　数	单　　位	数　　值
X_{AB}		0.45
X_{GE}		0.5
m_W	kg/s	0.005
m_{AB}	kg/s	0.05
m_{GE}	kg/s	0.045
p_{AB}	Pa	101325

再生器操作压力根据烟气露点及再生工质量确定。

3.3.4 流程模拟及结果分析

3.3.4.1 流程模拟结果

定义潜热回收率为：

$$\varepsilon = \frac{Q_{LH}}{H_W} \tag{3-10}$$

式中　Q_{LH}——潜热回收量；

H_W——水汽化潜热。

选取过量空气系数为 1.05 时甲烷完全燃烧的烟气为对象，此时烟气露点为 58.3℃，通过质量及能量平衡方程对流程进行模拟，典型结果列于表 3-2。

表 3-2 两种方式模拟结果对比

参　　数	冷凝法	开式热泵法
Q_{EH}/kW	4.738	7.449
Q_{LH}/kW	1.742	4.757
T_g/℃	57.07	72.34
m_{wr}/kg·s^{-1}	0.000689	0.005

从表 3-2 可见，采用开式热泵法得到的烟气放热量、潜热回收量、冷凝水及排烟温度均要高于冷凝法。冷凝法中烟气放热量全部用来加热回水；开式循环吸收式热泵内烟气放热用于溶液再生，吸收器放热加热回水，因为冷凝法中烟气放热与热泵吸收器放热数量相近，因此结果显示通过两种方式的加热回水供热温度相同，均为 60.7℃。但由于开式热泵完全使用潜热加热回水，潜热回收率较高，几乎为冷凝法的 3 倍。冷凝法通过降温回收热量，出口烟气温度较低，同时受换热器节点温差限制，回收水量也比较少。而吸收式热泵由于不受这些条件局限，出口烟气温度较高，同时回收水量也较多。由此可见，开式热泵更适用于需要水热同时回收热量的场合。

3.3.4.2　回收效果对比

A　烟气热回收

图 3-15 所示为不同过量空气系数下两种方式回收热量的对比。燃气在不同过量空气系数下燃烧会改变烟气中水蒸气的百分比，进而改变烟气露点。

从图 3-15 中可见，随着过量空气系数的增大，两种方式回收的显热增加、潜热减少，这主要是由于烟气流量增加而露点降低所致。但是从总体来看，由于显热增加量抵消了潜热减少量，两系统的全热（显热+潜热）回收量仍呈现上升趋势。图3-15中阴影部分为显热回收量，可见两系统回收的显热量相近，因为显热是指烟气从进口温度降低到露点时所放出的热量，两系统热源设计参数相同，因此释放出的显热必定相等。潜热方面，由于冷凝方式受烟气露点影响显著，露

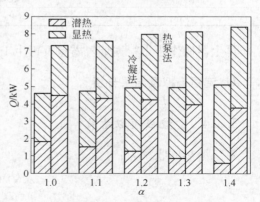

图 3-15　两种方式烟气放热量的对比

点降低使得两系统潜热回收量差距加大。可见，过量空气系数越大，开式吸收式热泵回收优势越明显。

B 回水热量

图 3-16 和图 3-17 分别为两种方式回水得到的热量及潜热回收率的对比。图 3-16 中回水得到的总热量相近，且同时随过量空气系数增大而增加。但是从具体热量形式看，冷凝方式传递的显热占很大比例，过量空气系数越大结果越明显，当过量空气系数增大到使得烟气露点低于供暖回水温度时，可以想象冷凝方式用于潜热回收不会有任何效果。回水从开式吸收式热泵中吸收的热量几乎全是潜热，过量空气系数越大吸收的潜热越多。由此证明，开式吸收式热泵对于潜热的回收利用是不受烟气露点的影响。图 3-17 为两系统潜热回收率的变化。冷凝法潜热回收率较小，从 8%降低到 2%；热泵法较高，从 19%升高到 21%，几乎是冷凝方式的 3 倍以上。在该工况下，大约 1/5 水的汽化潜热可通过开式吸收式热泵得到回收利用。

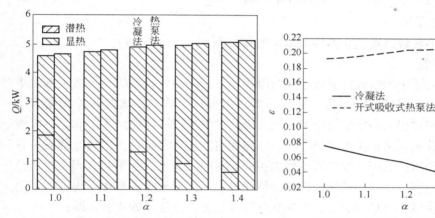

图 3-16 两种方式回水得到的热量的对比   图 3-17 两种方式潜热回收率随 α 的变化

C 烟气回收水量

冷凝方式中水的回收是通过水蒸气冷凝得到的，所以当过量空气系数增大时回收的水量逐渐减少。开式吸收式热泵法回收的水量包括作为系统循环工质的水及烟气的冷凝水两部分，其中烟气冷凝水是通过烟气向再生器放热得到的，工质水是烟气中被溶液吸收的水量经过冷凝器得到的。设计通过开式热泵回收水量为 18kg/h，通过迭代得出以上结果，当冷凝水量减少时工质量就增大。可见，通过开式吸收式热泵进行水的回收比较灵活，限制条件较少，可按照设定要求实现。

3.4 开式吸收式热泵系统的热力学评价

本章进一步分析了开式循环吸收式热泵（OAHT）系统热力学性能及关键影响因素。具体工作包括以下两部分：（1）在第一定律基础上计算系统性能系数

（COP），识别关键影响参数；（2）对系统进行㶲分析，分析可用能利用情况，找出系统性能提高方向。

3.4.1 热力学第一定律分析

3.4.1.1 热泵系统单元部件模型

A 质量平衡

稳态情况下，进出每一个部件的净质量流为零。同时，因为不考虑 $CaCl_2$ 和气体的化学反应，每一种成分进出每一个部件的净质量流也为零。开式系统与外界有物质交换，主要是烟气和水，其中水来自于烟气，所以本系统要保证满足水的平衡：

$$m_1 = m_3 + m_5 + m_{12} \tag{3-11}$$

B 能量平衡

根据图中各状态点建立部件的能量平衡方程。

a 吸收器

用于热泵系统的吸收器吸收过程与冷凝相似，均是气相中的一种或全部发生冷凝，由气态变成液态的过程。前面已经指出开式吸收与闭式吸收原理略有不同，开式吸收过程依靠蒸汽分压力，闭式吸收过程出口液体设定为饱和。对吸收过程的描述首先要满足质量守恒方程。气体和溶液进入吸收器，出口流体质量发生变化，气相质量减少与液相质量增加相同。其次要满足能量平衡方程，气体被液体吸收后会有一定的热量释放出来，该热量可通过能量平衡方程求得，如果通过外部换热将该部分热量引出，则换热过程要满足节点温差的要求，即：

$$Q_A = H_4 + H_6 - H_5 - H_7 \tag{3-12}$$

b 再生器

再生就是指液体混合物中一种或多种组分由液态变成气态的过程，其与蒸发的区别是蒸发过程中液相所有的组分最终都会变为气态。本书利用烟气余热对溶液进行再生，再生器的工作原理类似于蒸发器。稳态再生过程中，溶液进入再生器，在外加热量的作用下，易挥发组分被蒸发，剩余液体离开系统。再生器模型同样要满足质量及能量守恒方程，同时加入换热过程的节点温差约束条件。此外，对于开式热泵，设计再生蒸汽量为回收水量，因此要定义出口蒸汽量，可根据回收水量的需求给定，从而满足水回收的要求。再生器出口溶液为相应浓度、压力下的饱和溶液，温度可通过能量平衡求得。

$$Q_G = H_9 + H_{10} - H_8 \tag{3-13}$$

$$Q_G = (H_2 - H_1)\varepsilon \tag{3-14}$$

式中 ε ——再生器传热效率。

c 冷凝器

冷凝器属于换热器，模型由能量方程给出，并配以节点温差约束性条件。换热器的热计算采用对数平均温差法。计算中根据实际情况设定其他约束，如以水作为冷却介质时不能汽化。膨胀阀设置在溶液换热器之后，以保证进入换热器前溶液保持液态，提高换热效率。

$$Q_C = H_{10} - H_{11} \tag{3-15}$$

d 溶液泵及加压泵

在吸收式系统内，液体泵的使用有两种目的：（1）用于液体的循环以增加进入换热器的换热效果；（2）提高液体压力使其由低压侧进入高压侧。压缩过程设计为绝热，给定泵的工作效率，根据高低压力、流体比容及工质流量，通过能量平衡方程求解：

$$W_{SP} = H_8 - H_5 \tag{3-16}$$
$$W_P = H_{12} - H_{11} \tag{3-17}$$

e 膨胀阀

膨胀阀用于降低流体流动过程的压力以满足相应设计工况的要求。液体经过膨胀阀的过程属于绝热节流，过程前后流体的焓值不变，但相态、温度及压力发生了变化。节流前流体为温度 T_1、压力 P_1 下的过冷液体，节流后流体成为压力降低到 P_2、温度变为 T_2 的气液两相，所以在热泵系统内膨胀阀设置在溶液换热器之后，以保证换热器的效率。对绝热膨胀过程，计算中给定相对内效率，根据能量平衡方程进行求解：

$$H_7 = H_8 \tag{3-18}$$

3.4.1.2 系统性能研究

A 系统性能系数

在热泵及制冷系统内，性能系数（COP）是对能量利用率进行度量的重要指标。吸收式热泵系统的 COP 值与压缩式相比并不高，不过由于吸收式系统可以消耗太阳能或其他废弃的低温热源，具有节能的优势。在吸收式热泵系统自身能量利用率的度量方面，可以用系统性能系数（COP）作为评价指标；而如果要将其与电驱动方式在性能方面进行对比，多以一次能源利用率 PER 值（即性能系数与发电效率的乘积）作为标准。

开式循环吸收式热泵系统性能系数（COP）的定义与闭式系统相同，如下式所示：

$$COP = \frac{系统收益热量}{系统耗能} = \frac{Q_A}{Q_G + W} \tag{3-19}$$

系统收益热量界定并不统一，这与具体的被处理气体和除湿溶液的流程安排有关。对于本章所设计的开式循环吸收式热泵系统，收益热量指吸收过程放出的潜热，系统耗能指再生器需要的热量及溶液泵、加压泵的耗功量。其中，冷凝器放热温度较低，不能用于供热。

B 系统设计参数

a 烟气设计工况

前已述及，本系统可实现燃气潜热及水同时回收，可适用于以天然气为燃料的系统烟气中。因此，为了结果具有普遍性且便于比较，对于烟气侧的设计均以单位流量燃气燃烧得到。以 1kmol/h 天然气（CH_4）在过量空气系数为 1.05 时完全燃烧为热源，设计工况见表 3-3。

表 3-3 烟气设计工况

参　数	单　位	数　值
成分	kg/s	N_2: 0.061444; O_2: 0.000889; CO_2: 0.012222; H_2O: 0.01
压力	Pa	101325
温度	℃	90
水回收率	%	50

b $CaCl_2$ 溶液设计工况

根据上文中给出的开式吸收式热泵参数确定规则，对于以 $CaCl_2$ 溶液作为吸收剂的系统，溶液侧设计工况见表 3-4。

表 3-4 溶液设计工况

参　数	单　位	数　值
除湿液浓度	%	50
除湿液流量	kg/s	0.045
除湿液温度	℃	57

C 其他假设

进行开式循环吸收式热泵系统的模拟，还需做如下假设：

（1）仅考虑吸收过程中的质量守恒及能量守恒，且过程中放出的热量全部传给冷却水。

（2）考虑再生及冷凝过程的散热量，取再生器及冷凝器的传热效率为 0.8，最小节点温差为 5℃。

（3）根据再生工质量及热源烟气温度确定再生器的操作压力，针对以上工况，再生器操作压力 5×10^3 Pa，对应水的沸点为 32.81℃。

（4）冷却水用于向外供热，回水温度为 40℃，供水温度为 50℃。

3.4.1.3 系统性能评价及参数分析

稳定的连续运行的热泵系统，吸收过程的除湿量应该与再生工质量相同，当外部条件发生变化使系统运行发生波动时，系统会在新的工况下达到以上的平衡。采用 Aspen Plus 软件对系统流程进行模拟，分别就外界参数及内部条件变化对系统性能的影响进行了分析。

A　典型工况模拟结果

典型工况模拟结果见表 3-5。

表 3-5　典型工况模拟结果

参数	Q_A / kW	Q_G / kW	Q_C / kW	W_{SP} / kW	W_P / kW	m_{wr} / kg·s^{-1}	COP
数值	4.757	7.449	8.037	0.0027	3.2E-4	0.005	0.64

B　外界参数变化对系统性能的影响

外界条件通常是指加热烟气温度、湿度、热媒水出口温度、热媒水量等。开式循环吸收式热泵系统以烟气余热作为加热源，对于不同的烟气来源，其温度、湿度、流量等必然会有所变化。热量的利用是通过热媒水的循环加以实现，其温度和流量也会随供暖环境发生变化。可以看出，这些参数受其他部件及外部环境影响较大，而他们的变化也必然会对整个系统的性能产生影响。通过进一步考察外部参数影响的作用，揭示 COP 的变化规律，为系统设计提供参考。

a　烟气温度的影响

开式循环吸收式热泵系统使用的烟气可以来自燃气锅炉，也可以是一些新型动力循环的低温排烟，温度的变化范围较大。本小节以低温烟气为研究对象，选定烟气温度变化范围在 90~150℃ 之间。图 3-18 所示为系统 COP 及热负荷随进口烟气温度的变化。随烟气温度的上升，吸收器放热量、再生器吸热量及系统的 COP 几乎呈线性增加。在相同的设计工况下，烟气温度上升使其潜热回收量减少，冷凝水量减少，为保证回收水量不变，需要增加再生蒸汽量，因此，再生器及吸收器的热负荷均上升。结果表明，烟气温度增加 6.67% 时，系统 COP 增加了 7.4%。

b　烟气湿度的影响

图 3-19 所示为进口烟气相对湿度变化对系统 COP 及热负荷的影响。横坐标为烟气的相对湿度，是烟气中水蒸气分压力与相同温度下水蒸气的饱和蒸气压的比值。烟气的湿度与过量空气系数有关，本小节以过量空气系数在 1.0~1.4 范

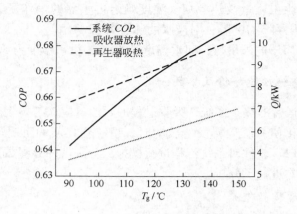

图 3-18 进口烟气温度对 *COP* 及热负荷的影响

围内变化时计算得到的烟气湿度为基准。随烟气相对湿度的增加，系统吸收器及再生器热负荷降低，相反系统 *COP* 增加。相同操作压力下，烟气湿度增加使其露点上升，用于再生过程的潜热量增加。*COP* 从 0.615 上升到 0.64，相当于烟气湿度每增加 1%，*COP* 相应增加 0.3%。所以，对于高含湿量的烟气，系统性能较好。

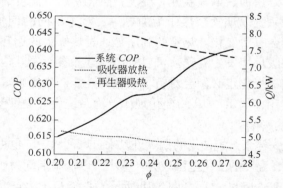

图 3-19 进口烟气相对湿度对 *COP* 及热负荷的影响

c 烟气流量的影响

图 3-20 所示为进口烟气流量对系统 *COP* 及热负荷的影响。

可见，随烟气流量增大，系统 *COP* 降低。烟气流量增大，单位温降放热量增多，潜热利用量减少使得烟气冷凝水量减少。所以，在回收水量保持不变的条件下，再生蒸汽量增加，再生热负荷增大。虽然吸收工质量也增加，但是烟气流量增加使吸收过程放热量被烟气吸收部分也增加，从而吸收器向热媒水放热量减少。在以上两个因素的共同作用下，系统的 *COP* 降低。*COP* 从 0.655 降低到

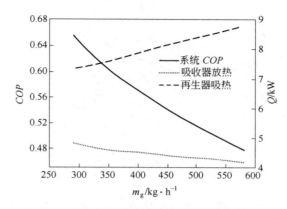

图 3-20 进口烟气流量对 COP 及热负荷的影响

0.477，表明烟气流量每增加 10kg/h，COP 降低 0.61%。

　　d　冷却水温度的影响

　　吸收器放热被冷却水吸收，出口温度要满足低温供暖的要求，根据规定[21]，选取冷却水出口温度在 53～57℃之间变化。冷却水流量及进口温度不变，出口温度上升，需要吸收器向外放出更多的热量。因为循环工质量增大，所以吸收及再生过程的热负荷上升，系统 COP 也上升，如图 3-21 所示。其中，COP 从 0.649 增加到 0.788，表明冷却水温每上升 1℃，COP 变化 3.48%。

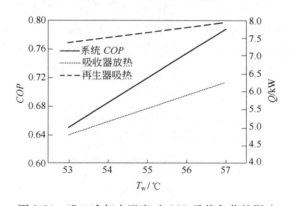

图 3-21 进口冷却水温度对 COP 及热负荷的影响

　　e　冷却水流量的影响

　　进出口冷却水温不变时，流量的增加会加大吸收器的放热量，使得出口溶液温度降低。低温溶液的再生会增加再生热负荷。所以，当随冷却水流量增大时，吸收及再生热负荷均上升，如图 3-22 所示。此外，随冷却水流量的增大，系统的 COP 增加。选取冷却水流量在 250～300 kg/h 内变化，相应的 COP 从 0.598 上升到 0.687，增加了 14.88%。

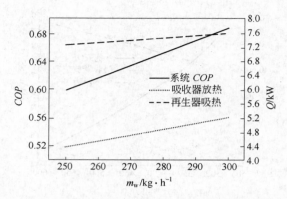

图 3-22 进口冷却水流量对 *COP* 及热负荷的影响

C 内部条件变化对系统性能的影响

对于开式循环吸收式热泵系统，内部参数包括与系统相关的部件配置、效率等硬件方面的条件，也包括溶液浓度、溶液流量及工质量等与系统设计相关的参数。这些条件是进行系统设计的基础，掌握这些参数变化对系统性能的影响对于正确设计、选用机组是非常重要的。

a 浓溶液浓度的影响

开式吸收器内，吸收液浓度的选择与烟气中的水蒸气含量相关，只有当溶液表面的饱和蒸气压低于烟气中水蒸气分压力时，吸收过程才能进行。选取吸收浓度在 0.5~0.55 范围内，可以保证溶液具有较低的蒸气压，并且处于结晶点外。通过对溶液性质的研究可知，溶液浓度增大会增加吸收过程的推动力，更利于吸收过程的进行，但是从图 3-23 中可见，单纯增加溶液浓度并不能使系统性能增大。

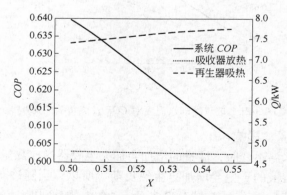

图 3-23 吸收器进口溶液浓度对 *COP* 及热负荷的影响

因为，浓溶液浓度的增加，使得溶液再生所需热负荷增加，而吸收热负荷几乎不变，所以溶液 COP 呈下降趋势。浓溶液浓度从 0.5~0.55 内变化，COP 从 0.639 降低到 0.600，表明浓溶液浓度每增加 1%，COP 变化 0.0066。

　　b　浓溶液流量的影响

　　开式吸收操作中，吸收剂流量的确定依赖于烟气中的减湿量。对于一定的吸收操作，如果溶液的浓度确定，则会有相应的溶液流量与之对应。所以，如图3-24所示，虽然溶液流量增大，系统 COP 及热负荷的变化却不明显。可见，如果想通过改变溶液流量来调节系统的 COP 是不可取的。同时，在进行系统设计时，可以采用较小的溶液量，从而保证一定的经济性。

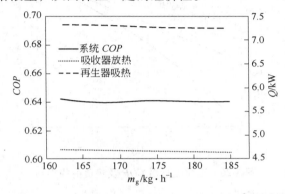

图 3-24　吸收器进口溶液流量对 COP 及热负荷的影响

　　c　稀溶液浓度的影响

　　图 3-25 为吸收器出口溶液浓度变化对系统性能及热负荷的影响。吸收器出口溶液浓度降低，吸收器及再生器热负荷均增大，系统的 COP 也增加。因为在相同除湿量下，出口溶液浓度降低，使得除湿溶液需要量减少，所以吸收器可以放出更多的热量。再生过程中，由于浓度差的加大，溶液再生的热负荷增加。可见，在稀溶液浓度影响方面，系统 COP 是随浓度差的增加及除湿剂流量的减小而上升的。稀溶液浓度在 0.43~0.47 范围内变化，COP 从 0.644 降低到 0.634。

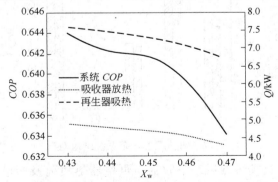

图 3-25　吸收器出口溶液浓度对 COP 及热负荷的影响

d 工质流量的影响

图 3-26 所示为工质流量对 *COP* 及热负荷的影响，系统循环工质量在吸收器侧等于溶液吸水量，在再生器侧等于再生蒸汽量。在溶液浓度保持不变的情况下，为了满足吸湿量增大的要求，必然要增加溶液的流量，所以吸收器和再生器的热负荷均增加，系统的 *COP* 也增大。选取工质量范围为 9～13kg/h，*COP* 从 0.585 上升到 0.679。

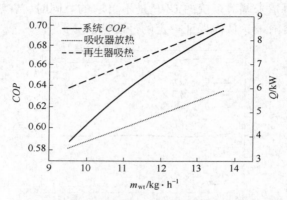

图 3-26 工质流量对 *COP* 及热负荷的影响

e 溶液换热器的影响

常规的吸收式热泵和制冷机系统内均设置有溶液换热器，通过内部回热，将高温溶液的热量释放给低温溶液，通过实现热量的综合利用，达到提高系统性能的目的。本小节配置的开式循环吸收式热泵系统未设置溶液换热器，系统流程得到了简化，但同时对系统的性能必然产生影响。本小节在相同的设计工况下，分别对带溶液换热器和不带溶液换热器的两个系统进行模拟，结果如图 3-27 所示。

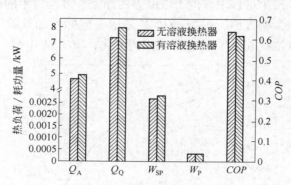

图 3-27 两种配置热泵系统结果对比

可见，加入溶液换热器后，吸收器、再生器热负荷及溶液泵的耗功量均增加，最终系统的 COP 降低。因此，对于本系统对应的特定应用场合及参数范围，不适于采用溶液换热器的配置形式，这一点与闭式系统是不同的。

3.4.1.4 条件变化对系统性能影响

以上分析了参数变化对系统性能的影响，结果见表3-6。

表 3-6　参数影响结果

条 件	吸收器热负荷	再生器热负荷	冷凝器冷凝温度	COP
烟气温度上升	↑	↑	↑	↑
烟气湿度上升	↓	↓	↑	↑
烟气流量增加	↓	↑	—	↓
冷却水温度上升	↑	↑	↑	↑
冷却水流量增加	↑	↑	—	↑
浓溶液浓度增加	—	↑	↓	↓
浓溶液流量增加	↓	↓	—	—
稀溶液浓度增加	↓	↓	↓	↓
工质流量增加	↑	↑	↑	↑

3.4.2　开式循环吸收式热泵系统的㶲分析

在热力系统分析中，热力学第一定律分析是迄今为止应用最为广泛的方法。但是它具有一定的片面性和局限性，它仅从数量上将各种不同形式的能量联系了起来，指出非相同形式的能量之间可以相互转换，并且在转换中数量守恒。热力学第二定律进一步指出，不同形式的能量具有品位的差异，表现为转换成功的能力不同。在此基础上进行的㶲分析规定了过程发生的原则性条件与限制，特别是指出了能在转移或转换过程中具有部分或全部失去其使用价值的特性。

3.4.2.1　系统㶲分析模型

（1）开口系统㶲平衡方程：

$$E_{\text{in}} + \sum E_Q = E_{\text{out}} + W + I \tag{3-20}$$

式中　E_{in} ——流进开口系统的工质携带的㶲；

　　　$\sum E_Q$ ——开口系统得到的热量㶲；

　　　E_{out} ——流出开口系统的工质携带的㶲；

　　　W ——系统输出的功；

　　　I ——不可逆过程引起的㶲损。

（2）部件㶲损方程式。

1）吸收器。吸收过程放热被冷却水吸收，将吸收器与冷却水看成同一系统，㶲损方程如下：

$$I_{\text{A}} = E_4 + E_6 + E_{13} - E_5 - E_7 - E_{14} \qquad (3\text{-}21)$$

2）再生器。烟气热量释放给再生器用于溶液蒸发，将再生器与烟气看成同一系统，㶲损方程如下：

$$I_{\text{G}} = E_1 + E_8 - E_2 - E_9 - E_{10} \qquad (3\text{-}22)$$

其中，再生器内部㶲损失：

$$I_{\text{Gin}} = E_{\text{Qin}} + E_8 - E_9 - E_{10} \qquad (3\text{-}23)$$

加热烟气侧㶲损失：

$$I_{\text{Gout}} = - E_{\text{Qout}} + E_1 - E_2 \qquad (3\text{-}24)$$

式中，$E_{\text{Qin}} = E_{\text{Qout}}$。

3）冷凝器。在开式循环吸收式热泵系统内冷凝器的作用是回收冷凝水，将冷却水在环境中的冷却放热过程包含到冷凝器系统内，㶲损失方程为：

$$I_{\text{C}} = E_{10} - E_{11} \qquad (3\text{-}25)$$

4）溶液泵：

$$I_{\text{SP}} = E_9 - E_6 + W_{\text{SP}} \qquad (3\text{-}26)$$

5）加压泵：

$$I_{\text{P}} = E_{11} - E_{12} + W_{\text{P}} \qquad (3\text{-}27)$$

6）膨胀阀：

$$I_{\text{V}} = E_7 - E_8 \qquad (3\text{-}28)$$

以上各式中：

$$E_i = m_i e_i \qquad (3\text{-}29)$$

$$e_i = (h_i - h_0) - T_0(s_i - s_0) \qquad (3\text{-}30)$$

（3）㶲效率及㶲损失率。

1）系统㶲效率：

$$\eta_{\text{E}} = \frac{E_{\text{gain}}}{E_{\text{pay}}} \qquad (3\text{-}31)$$

2）㶲损失率：

$$\xi = \frac{\sum I_i}{E_{\text{pay}}} \qquad (3\text{-}32)$$

3.4.2.2　系统㶲分析

A　系统各状态点㶲值

系统状态点的流量及㶲见表 3-7。

表 3-7　系统状态点的流量及㶲

状态点	①	②	③	④	⑤	⑥	⑦
$m/\text{kg} \cdot \text{s}^{-1}$	0.0846	0.0846	0.0017	0.0829	0.0796	0.045	0.0483
$e/\text{kJ} \cdot \text{kg}^{-1}$	-2863.825	-2873.873	-13168.548	-2657.743	-2232.707	-10145.405	-10355.677
状态点	⑧	⑨	⑩	⑪	⑫	⑬	⑭
$m/\text{kg} \cdot \text{s}^{-1}$	0.0483	0.045	0.0033	0.0033	0.0033	0.056	0.056
$e/\text{kJ} \cdot \text{kg}^{-1}$	-10356.045	-10145.313	-13110.449	-13175.174	-13174.996	-13173.89	-13167.25

B　系统㶲平衡

开式循环吸收式热泵系统各部件㶲分析结果见表 3-8。

表 3-8　开式循环吸收式热泵系统各部件㶲分析结果

部 件	㶲损/kW	㶲损失率/%	㶲损系数
吸收器	0.371	0.3949	0.194
再生器	0.3472	0.3646	0.179
冷凝器	0.21111	0.2217	0.109
溶液泵	0.00006	6.30×10^{-5}	3.09×10^{-5}
膨胀阀	0.0178	0.0186	0.009
加压泵	5.7×10^{-7}	5.96×10^{-7}	2.92×10^{-7}
合 计	0.9522	1	0.489

图 3-28 所示为开式循环吸收式热泵的各部件㶲损及㶲损失率分布。

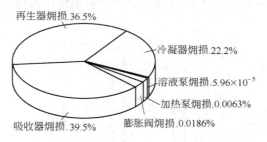

图 3-28　开式循环吸收式热泵的各部件㶲损及㶲损失率分布

由图 3-28 可见，开式循环吸收式热泵系统中吸收器的㶲损失率最大，为 39.5%；其次为再生器，㶲损失率为 36.5%；冷凝器的㶲损失率为 22.2%。在开式循环吸收式热泵系统内，可用能的损失主要集中在以上三个部件。因此，系统的主要节能方向应围绕减小传热温差及扩散㶲损进行。

C　系统㶲效率

式（3-31）给出系统㶲效率的定义式，其中 E_{gain} 是系统收益的㶲，E_{pay} 是系统消耗的㶲。这两项具体内容随各类设备、分析目标及当时的工作条件而定，因而㶲效率的表达式有很多种。根据文献［22］中的定义，㶲效率的形式如下：

$$\eta_{\text{E}} = 1 - \sum \frac{I_i}{E_{\text{pay}}} \qquad (3-33)$$

表 3-9 为各部件㶲效率。

表 3-9　各部件㶲效率

部件	吸收器	再生器	冷凝器	溶液泵	膨胀阀	加压泵
㶲效率	0.4949	0.5710	0	0.9778	3.55×10^{-5}	0.9982

由表 3-9 可得，$\eta_{\text{E}} = 1 - 0.489 = 0.511$。

图 3-29 所示为开式循环吸收式热泵的各部件㶲效率及系统㶲损失率分布，图 3-30 所示为开式循环吸收式热泵系统的㶲流图。可见，各部件中，冷凝器的㶲效率最小；溶液泵及加压泵的㶲效率最大，接近 100%；系统㶲效率为 51.1%。在该系统中，冷凝器的放热温度较低，放出的热量未得到利用而成为外部㶲损的一部分，其作用是回收冷凝水。虽然第一定律分析指出冷凝器放热量最大，但是㶲分析表明冷凝器放出的热量都是低品位的能量。膨胀阀的㶲效率接近零，表明膨胀阀没有可用能输出。可见，提高冷凝器和膨胀阀的热力学完善度是没有潜力的。第一定律分析指出吸收器放热量低于冷凝器放热量，但是放热温度较高，㶲损失率最大，所以对吸收器进行改进是减少系统可用能损失的重要途径。

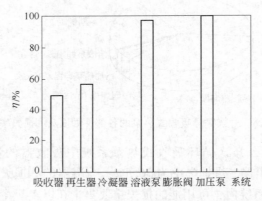

图 3-29　开式循环吸收式热泵的各部件㶲效率及系统㶲损失率分布

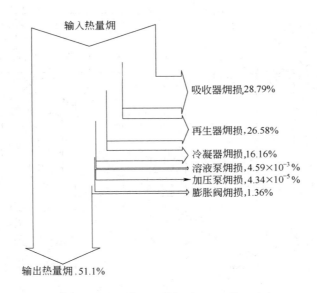

图 3-30　开式循环吸收式热泵系统的㶲流

3.5　开式吸收式热泵实验研究

为了解关键部件实际性能，掌握影响系统设计和运行的关键因素，本节进行了相关实验研究，主要研究内容分为以下三部分：（1）设计并构建了开式循环吸收式热泵（OAHT）系统实验台；（2）进行了 $CaCl_2$ 溶液再生过程的实验研究，测定溶液压力、温度与浓度之间的关系；（3）开展了降膜吸收过程中 $CaCl_2$ 溶液减湿及放热效果的实验工作，核算实际传质系数及传质量，并通过实验测定对相关参数的影响进行分析。

3.5.1　开式循环吸收式热泵系统实验装置

开式循环吸收式热泵实验系统如图 3-31 所示[23]。系统主要由吸收器、再生器、冷凝器及溶液泵等部件组成，包括空气源部分、吸收部分和再生部分，部件实验及系统集成实验分别通过阀门转换加以实现。

3.5.1.1　实验部件设计

A　空气源

实验中采用加湿空气模拟烟气。通常情况下湿空气与烟气的性质比较接近，在无法精确得到湿烟气时，可以采用加湿空气来替代。对于本实验系统，进行加湿空气源的设计是实验的重要组成部分之一。

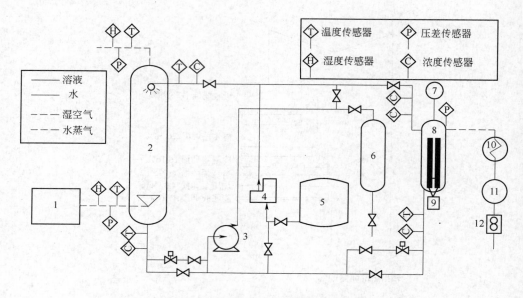

图 3-31 开式循环吸收式热泵实验系统

1—湿气源；2—吸收器；3—溶液泵；4—溶液计量泵；5—配液箱；6—储液罐；7—真空表；
8—再生器；9—电加热器；10—冷凝器；11—真空泵；12—流量计

图 3-32 所示为湿空气源的组成及流程。储水箱 1 中装有纯净水，由计量泵 2 控制其进入蒸汽发生器 3 的出口水量，出口蒸汽温度由温控器预先设定。空气经螺杆压缩机增加压力后进入玻璃转子流量计 5，调节流量后与蒸汽混合，完成加湿过程。空气出口处测量其温度、湿度及压力。混合后的湿空气温度降低，通过空气预热器 6 将其再热，从而满足实验中设定的参数要求。

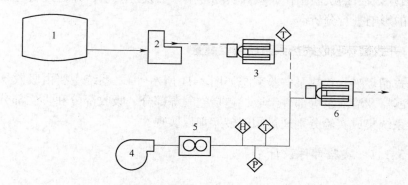

图 3-32 湿空气模拟实验系统

1—储水箱；2—计量泵；3—蒸汽发生器；4—空气源；5—转子流量计；6—空气预热器

空气源部分由螺杆压缩机、疏水器、过滤器、空气干燥器、减压阀及管路等组成。压缩空气由复盛公司 SA-350A 型螺杆式空气压缩机提供，排气量为

$6.1m^3/min$（标准状态），排气压力 0.7MPa。压缩机出口处安装放空阀，通过配合调节放空阀和减压阀的开度，可实现吸收器内操作压力在 0.1~0.3MPa 之间调节。

B　吸收部分

吸收部分主要由空气源 1、配液箱 5、吸收器 2 及储液罐 6 组成，如图 3-31 所示。吸收器性能实验过程中，配置好的溶液经计量泵调节流量及加压后从上部喷入吸收器，吸收过程终了后稀溶液被泵入储液罐保存。实验前首先进行了降膜式吸收器的设计。

作为内冷式吸收器的一种，降膜式吸收器已经在空调减湿领域得到普遍的应用。本实验进行降膜式机理研究，为全尺寸吸收器的建立提供参照及依据，因此吸收器设计为单管降膜型式。吸收器主体部分主要由吸收器帽、吸收器身及底座三部分构成，采用法兰连接。考虑到 $CaCl_2$ 溶液具有一定的腐蚀性，采用不锈钢 1Cr18Ni9 加工。降膜式吸收器装配图如图 3-33 所示。

吸收器帽材质为不锈钢，管径规格与塔身外管相同。上部为空气出口，侧壁开孔焊接溶液进口管，其上分别设置温度、湿度、压力等测点。

图 3-34 所示为本实验设计的降膜式吸收器装配图。吸收器由两根不同直径的不锈钢管同轴相套组成，内管走溶液和空气，内外管间走冷却水，端部焊死以保证冷却水与工质不混合。内管上端设置布液装置，保证溶液在管内壁均匀形成液膜。

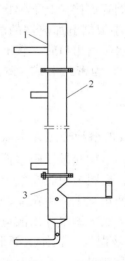

图 3-33　降膜式吸收器装配图
1—吸收器帽；2—吸收器身；3—吸收器座

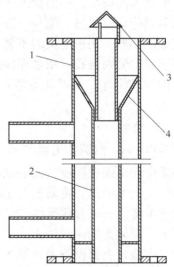

图 3-34　本实验设计的降膜式吸收器装配图
1—吸收器外管；2—吸收器内管；
3—气水分隔罩；4—内管布液器

为保证溶液在管内壁均布，溶液布液器设计由导流管和喇叭状隔板组成。导流管与内管设置 1mm 空隙。溶液喷淋到隔板上，在重力作用下经过空隙流到内壁上。加工过程中，为了保证精度，布液器由一不锈钢棒整体车成，内管与布液器焊接为一整体，缩口处结构如图 3-35 所示。导流管内部为气体流道，为了保证吸收之前溶液与气体不接触，在上端设置气水分隔罩。

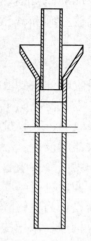

吸收器座同样采用不锈钢管制成，侧壁开孔焊接同规格不锈钢管，此为空气进口。塔底经过一个斜面过渡与小管径的不锈钢管焊接，此为溶液出口。因为吸收器塔径较小，气体很容易均匀布满流道截面，所以气体进口未加布风器。为观察液面位置，侧壁设有观察孔。测点分别布置在进口及出口管上。

图 3-35 内管及布液器

C 再生部分

再生部分主要由图 3-31 中配液箱 5、再生器 8、储液罐 6 及冷凝器 10 组成。再生器实验中，采用电加热器模仿烟气进行加热。溶液经计量泵进入再生器，在外部热源的加热下，溶液再生。浓溶液从再生器下部进入储液罐储存，再生蒸汽进入冷凝器。冷凝器出口接玻璃容器用于存放冷凝水。

再生器为圆筒状，一侧设置端盖，直接和筒身法兰连接。端盖上设置压力传感器和温度传感器。另一侧与一段直径较小的不锈钢管焊接，其上焊接法兰，用于连接电加热器。用于连接的不锈钢管与法兰的大小根据电加热器的法兰确定。上下两端侧壁分别开孔，用来焊接溶液进出口管及水蒸气出口管。管上设置温度测点。设置液位计，用以观察溶液位置。再生器设计为密封形式，耐压条件为 4kPa 以上。

D 配液箱

本节以 $CaCl_2$ 溶液作为吸收剂，实验中不同浓度的溶液通过无水氯化钙和水以不同质量比例配置而成。无水氯化钙为白色固体，结构松散，吸水性强，溶解于水会放出大量的热。将其放置于环境中若不密封，会因为吸收空气中的水蒸气浓度快速下降，影响吸收性能。设计氯化钙专用配液箱，主要由箱体、封盖及搅拌器组成。箱体为圆筒状结构，上部侧壁开进液口，底部侧壁开出液口，底部开排污口。出液口上部设置温度测孔，以实时监测溶液温度。箱体上部设有封盖，与箱体通过螺栓连接，其上设有搅拌轴孔、观察孔及加料口。搅拌器由电机、搅拌轴和搅拌叶片构成。电机采用电磁调速，转速 125r/min。电机轴和搅拌轴通过联轴器相连。搅拌轴下部安装叶片，通过锥形定位孔加以固定。

E 储液罐

储液罐是部件实验中的一个设备，用于储存实验过程中及终了的溶液。同样为不锈钢材料的圆筒，两端封死。罐体上面分别焊接溶液进口和出口管，并且设置液位计和温度测孔。

3.5.1.2 测量控制仪表

测量仪器包括蒸汽发生器进出口空气和水的流量、温度的传感器和变送器，温度控制系统；吸收器进出口空气温度、湿度、压力和溶液温度、浓度、流量测量的传感器和变送器；再生器进出口溶液和蒸汽流量、温度、浓度等传感器和变送器。所有传感器与设备均通过预先焊接的螺栓孔采用螺栓连接。

（1）实验中涉及的温度测量均采用 Pt100 铂热电阻，标定测温范围 0～200℃，最大允许误差±0.5℃。电阻信号经变送器转换为 1～5V 标准电压信号后，可由计算机采集。

（2）吸收器压力测量采用 U 型管。再生器压力测量采用瑞士 HUBA 压力传感器，耐温−15～125℃，测量范围绝压 0～0.1MPa（0～1bar），精度<±0.3%FS，变送器输出为 0～20mA 电流信号，转换为 1～5V 标准电压信号由计算机进行监测和采集。空气压力测量采用差压传感器，测量范围 20～50kPa 表压。

（3）湿空气湿度测量采用瑞士 Rotronic 公司 K 系列湿度传感器及变送器。该探头具有耐高温、精度高、稳定性和重复性好等特点，其工作温度为−50～200℃，在整个量程范围内测量精度可达±1.5%RH，±0.5℃。

（4）空气流量测量采用 LZB−50 型玻璃管转子流量计，其工作压力小于0.6MPa，测量范围 10～100m^3/h，精度等级 1 级。

（5）控制部分：溶液及水的流量通过柱塞式计量泵进行控制，根据流量不同分别选择 J−Z190L/h 1.5MPa 和 J−X40L/h 0.8MPa 两种型号，精度均为 0.3%；蒸汽发生器出口温度采用温控器加以控制。

3.5.2 溶液再生实验

以电加热模拟热烟气，进行溶液蒸发实验，测量压力、温度等参数，验证理论模拟结果，为烟气型蒸发器的设计提供参考。

3.5.2.1 实验工况选择

以烟气作为热源，为满足温差传热的要求，再生器设计操作压力为 5.5kPa，如果入口烟气温度较高，则再生器压力也可适当升高。根据此要求，实验中分别选择 5～6kPa、6～7kPa 及 7～8kPa 三个压力范围，进行 45% CaCl$_2$溶液的再生实验测定。

3.5.2.2　实验结果分析

A　溶液沸点变化规律

实验过程中首先打开真空泵抽吸真空，通过压力传感器监测再生器内部压力变化。当压力下降到设定工况附近时，打开电加热器进行加热。实验中选用旋片式真空泵，用于本装置中的最终压力可以保持在 4kPa 左右。为了满足以上不同操作压力的要求，实验中通过加热及抽真空同时进行调节，最终得到的压力和温度均在相应范围内波动。实验开始时数据波动比较剧烈，延迟一段时间后进入稳定的波动段。实验中同时进行数据采集及监测，当冷凝水收集瓶中出现冷凝液开始计时。

图 3-36 所示为再生过程中溶液沸点随浓度的变化。在每一个工况下，溶液蒸发沸点随浓度的上升逐渐升高，变化趋势与理论计算一致。进一步将三个工况对比可以发现，不同操作压力下溶液沸点不同，高压下溶液再生需要的温度较高，而低压下相对较低。该实验给出了溶液温度、压力及浓度之间的相关数据，是 $CaCl_2$ 溶液热力学物性研究方面有效的参考，可进一步进行该方面的研究或验证工作。

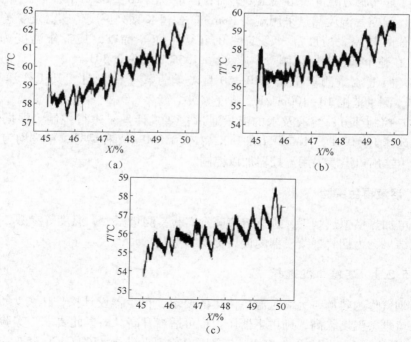

图 3-36　再生过程中溶液沸点随浓度的变化

（a）平均操作压力 7425Pa；（b）平均操作压力 6566Pa；（c）平均操作压力 5513Pa

B　实验与理论数据对照

实验中再生器热负荷的计算通过水蒸气潜热及再生水蒸气量进行核算，水蒸气潜热通过手册查取该压力下气相及液相的焓值得到，流量为实验测定。表 3-10 为不同工况下，实验折算热负荷与理论计算热负荷对比。可见，不同工况下，压力越低再生所需热量越少，实验与理论值的变化趋势一致。

表 3-10　不同工况热负荷对比

工况	工作压力/Pa	实验折算热负荷/kW	理论计算热负荷/kW	相对误差/%
1	7425	1. 297759	1. 271	2. 062
2	6566	1. 237084	1. 2139	1. 874
3	5513	1. 223514	1. 1926	2. 521

图 3-37 所示为不同工况下溶液进出口温度和热负荷的实验值与理论值对比。

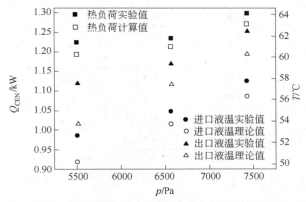

图3-37　不同工况下溶液进出口温度和热负荷实验值与理论值对比

由图 3-37 可见，实验值均比理论值高 2℃ 左右，由此导致热负荷的实验值要高于理论值。三个工况下的相对误差均在 2% 左右，可见实验结果具有较高可靠性，实验结果体现出的规律性也是可信的。

3.5.3　溶液吸收实验

本节在理论分析基础上对 $CaCl_2$ 溶液的吸收效果进行实验测定。目的首先是对前面的理论过程进行验证，为吸收器的设计提供依据；其次，可通过部件实验发现问题，给出合理的解决方案，从而保证系统集成实验的顺利开展。

3.5.3.1　实验工况选择

实验中吸收器为开式，操作压力为大气压。为了模拟排烟同时克服管路及部件的阻力，气侧压力要稍高于一个大气压，可通过调压阀进行调节。湿空气由水蒸气和空气混合得到。其中，水蒸气由去离子水蒸发得到，空气来自压气机，两者的流量通过加湿量及总流量进行控制。CaCl$_2$溶液流量通过湿空气的流量得到。吸收过程实验工况见表 3-11。

表 3-11　吸收过程实验工况

工　况		管长/m	进口湿空气		进口溶液		进口冷却水流量/kg · h^{-1}
			流量/kg · h^{-1}	湿度/g · kg^{-1}（干空气）	流量/kg · h^{-1}	浓度/%	
变溶液流量	1	1	14.9	11.1	7.45	50	10.8
	2	1	14.9	11.1	8.1	50	10.8
	3	1	14.9	11.1	9.69	50	10.8
变溶液浓度	4	1	14.9	11.1	8.1	47	10.8
	5	1	14.9	11.1	8.1	50	10.8
	6	1	14.9	11.1	8.1	50	0
变冷却水流量	7	1	14.9	11.1	8.1	50	7.2
	8	1	14.9	11.1	8.1	50	10.8
	9	1	14.9	11.1	8.1	50	14.4
变塔高	10	1	14.9	11.1	8.1	50	10.8
	11	1.5	14.9	11.1	8.1	50	10.8
	12	2	14.9	11.1	8.1	50	10.8

3.5.3.2　实验结果分析

A　实验校核

依据表 3-11 所列实验工况进行实验研究，通过设定的测量手段，分别对实验中的温度、压力、湿度及流量等参数进行监测和控制。由于实验中涉及的变量较多，且受壁面散热、测量误差等因素的影响，结果必然存在误差。因此需要对实验结果进行校核，以验证在热力学上的合理性。

吸收过程中涉及三个流体：湿空气、CaCl$_2$溶液和冷却水。理论上讲，忽略壁面的散热，三流体进出口的能量变化之和应该为零，即能量达到守恒。三个流体的能量变化分别通过进出口的焓差进行计算。

湿空气侧焓差的计算：

常温常压下的湿空气可看成理想气体，焓值可采用式（3-34）计算：

$$h_g = 1.005T + d(2501 + 1.86T) \tag{3-34}$$

式（3-34）中涉及空气的含湿量，可通过气体相对湿度、温度及压力得到：

$$d = 0.622\phi \frac{p_s}{p - \phi p_s} \tag{3-35}$$

焓差计算：

$$\Delta Q_g = \frac{m_{gi}}{1 + d_i}(h_{go}(t_{go}, p, d_o) - h_{gi}(t_{gi}, p, d_i)) \tag{3-36}$$

溶液测焓差计算，引用 $CaCl_2$ 溶液焓值拟合公式：

$$\ln h_s = 0.147146X - 4.6662 + 6.49485\exp(-0.046855X)\ln T \tag{3-37}$$

焓差计算：

$$\Delta Q_s = m_{so}h_{so}(T_{so}, X_o) - m_{si}h_{si}(T_{si}, X_i) \tag{3-38}$$

式中

$$m_{so} = m_{si} + \frac{m_{gi}}{1 + d_i}(d_i - d_o) \tag{3-39}$$

$$X_o = \frac{m_{si}X_i}{m_{so}} \tag{3-40}$$

冷却水侧焓差的计算：

$$\Delta Q_1 = m_1 h_{lo}(T_{lo}, p) - m_1 h_{li}(T_{li}, p) \tag{3-41}$$

根据吸收塔内能量平衡方程，塔内最终能量变化表示为：

$$\Delta Q_g = \Delta Q_s + \Delta Q_1 + Q_{loss} \tag{3-42}$$

式中　　Q_{loss}——吸收过程热损失。

根据式（3-42）可以采用相对误差的形式对吸收过程中的能量平衡进行描述，即：

$$\eta = \frac{\Delta Q_g - \Delta Q_s - \Delta Q_1}{Q_g} \tag{3-43}$$

根据以上公式计算出各工况的相对误差，结果列于图 3-38 中。

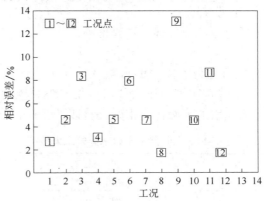

图 3-38　实验工况能量衡算相对误差

由图 3-38 可见，多数工况下流体能量变化的误差在 4% 左右，个别点在 8% 左右，结果基本合理。而对于工况 9 即冷却水流量为 0 的情况，误差高于 10%，主要因为吸收过程向水套散热所致。此时虽然冷却水流量为 0，但是由于其内部仍存有一定的水量，并未实现绝热吸收的过程，吸收过程的放热量传给水套，使得自身热损失增大，误差升高。经综合分析可以认定，本实验结果基本可靠。

B   设计条件实验结果分析

选取表 3-11 中的工况 2 作为设计条件，实验结果见表 3-12。

表 3-12   设计条件实验及核算结果

| 工况点 | 溶 液 | | 空 气 | | | 冷却水温度/℃ | 总传质量/kg·h⁻¹ | 水回收率/% |
	温度/℃	浓度/%	温度/℃	湿度/g·kg⁻¹（干空气）	压力/Pa			
进口	43. 945	50	60. 004	11. 1	128942	16. 308	0. 752	65. 88
出口	59. 668	45. 734	53. 778	3. 8	127944	52. 637		

表 3-12 中的温度和压力为测量值，湿度根据相对湿度、温度和压力计算得到。冷却水出口温度达到 52℃，基本满足中温供暖的要求；水回收率达到 65.88%，也可以满足烟气水回收的要求。该结果进一步证明了开式循环吸收式热泵用于潜热及水回收方面的优势及可行性。

a   溶液进出口蒸气压核算

引用 $CaCl_2$ 溶液蒸气压拟合公式：

$$\log_{10}p_s = 0.0557746X + 3.60351 - \frac{27.8467X + 1159.57}{T} \tag{3-44}$$

式（3-44）中涉及溶液浓度及温度采用表 3-12 中测量及计算结果。

b   气体水蒸气分压力核算

水蒸气分压力可通过总压力及湿度计算得到：

$$p_v = \varphi p_s \tag{3-45}$$

吸收过程的传质推动力为气体中的水蒸气分压力与溶液表面饱和蒸气压的差。表 3-13 分别给出了塔底和塔顶压力差。可见，塔底压力差几乎为塔顶压力差的 2.5 倍，证明传质在塔的下部比较剧烈，验证了已有的结论。

表 3-13   吸收器进出口水蒸气压力核算   （Pa）

名 称	塔 底	塔 顶
溶液	6924. 19	2191. 17
气体	19523. 36	7342. 15
压力差	12599. 17	5150. 98

c 全塔平均传质系数校核

如图 3-39 所示,在距塔底为 z 处,对 dz 微元体内气体进行物料衡算。

流进与流出微元体物料的差=吸收的量,即:

$$V_g(\rho_z - \rho_{z+dz}) = AN_A \qquad (3-46)$$

式中,A 为传质面积,可通过湿周得到:

$$A = Cdz \qquad (3-47)$$

传质通量 N_A:

$$N_A = k_g(\rho - \rho_s) \qquad (3-48)$$

将式(3-47)和式(3-48)联立写成微分形式:

$$\frac{V_g d\rho}{\rho - \rho_s} = Ck_g dz \qquad (3-49)$$

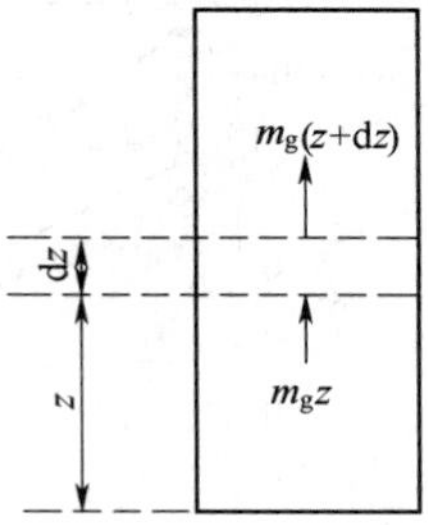

图 3-39 质量平衡

将式(3-49)在塔高范围内积分:

$$k_g = \frac{V_g}{C} \ln \frac{(\rho - \rho_s)_0}{(\rho - \rho_s)_1} \qquad (3-50)$$

式中 V_g ——气体流量;

C ——湿周;

ρ ——密度。

常温常压下湿空气可看成理想气体混合物,密度可以通过式(3-51)计算:

$$\rho_v = \frac{p_v}{R_v T} \qquad (3-51)$$

式中 p_v ——湿空气中水蒸气的分压力;

R_v ——水蒸气的气体常数。

对于管内降膜吸收,气液接触的传质面位于降膜管径减去液膜厚度的范围内。因为液膜厚度一般很小,与管径相比小两个数量级。因此,为了简化计算,以降膜管的内径所在的位置代替传质面。将以上数据代入式(3-50)中,得到全吸收段平均传质系数 0.0495m/s。

C 实验参数变化规律

由于实验中涉及的变量较多,且各工况不能同时进行,因而会造成进口参数略有差异。为使结论更加明确,本小节在给出出口参数绝对量的同时,也会给出进出口的变化量。

a 改变溶液流量

本实验重点考察吸收过程的减湿效果及能量的可再利用情况,因此未对吸收塔内部温度和湿度进行监测。图 3-40 是改变溶液喷淋量时流体流量及温度的变化。图中标出了塔底和塔顶处温度及湿度的测量值,采用虚线将每一个工况点连接，以便直观地表示出进出口的变化情况。

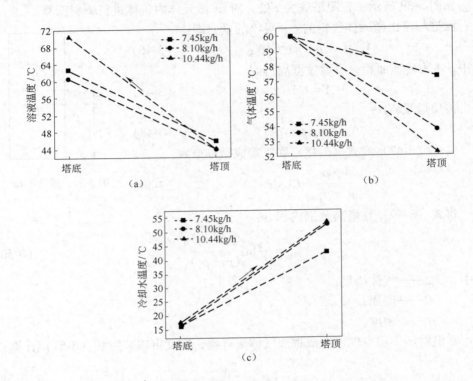

图 3-40 改变溶液喷淋量时，流体流量及温度实验结果

总体来说，随喷淋溶液量的增大，有以下几点规律：（1）溶液侧及冷却水温升变大，吸收热量增多；（2）气体侧温降变大，放热量变大；（3）出口气体湿度降低，吸收水量增加。溶液喷淋量在一定范围内增大，可以增加吸收过程的传质推动力，使得相同情况下吸水量增加，释放更多的潜热。该热量大部分被溶液吸收，溶液温度升高，进而冷却水温度也升高。气体侧温度降低主要由于气体向溶液的放热大于自身的吸热所致。

b 改变吸收液浓度及温度

合理选择吸收液的浓度是取得优良吸收效果的关键因素之一，溶液浓度对吸收效果的影响同样是通过影响蒸气压实现的。溶液表面的饱和蒸气压主要受溶液浓度及温度的影响，浓度增大、温度降低均会使蒸气压降低，强化吸收效果。实验中，选择了两种浓度的 $CaCl_2$ 溶液进行吸收实验，结果如图 3-41 所示。通过具体分析可以得出，随溶液浓度的增大及温度的降低：（1）溶液及冷却水温升增大，吸热量增多；（2）气体温降增大，放热量增多；（3）气体出口湿度降低，吸收量增大。当溶液浓度增加到 50% 时，温度不变的情况下，蒸气压将下降

18.42%，会使吸收效果明显增大；如果温度降低到与 50% 的实验工况相同，蒸气压会继续下降至 52.91%，进一步强化了吸收效果。可以说，实验结果是溶液浓度及温度综合作用的体现。

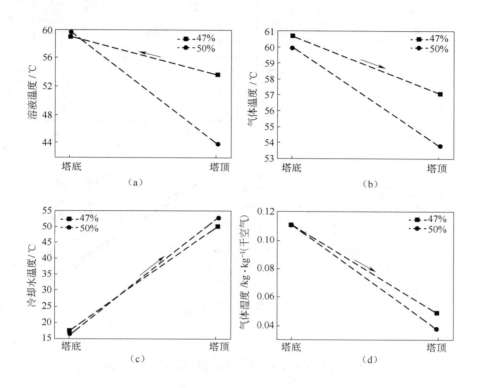

图 3-41 改变溶液浓度时，流体温度及湿度实验结果

c 改变冷却水流量

在一般的吸收减湿过程中，系统会放出大量的热，热量被溶液吸收后会降低活性，影响吸收效果。为了克服这一缺陷，可以在系统中设置冷却水，通过吸收喷淋溶液的热量，维持较低的表面蒸气压，保持一定的吸收能力。该部分实验即通过对不同冷却水量的测定，分析冷却水对吸收过程的影响规律。图 3-42 所示为改变冷却水流量情况下流体进出口的温度及湿度。可见，随冷却水流量的增大，温度及湿度呈现以下变化规律：（1）溶液及冷却水温升变小，吸热量减小；（2）气体温降增大，放热量增大；（3）气体出口湿度降低，吸收量增大。图3-43中显示，冷却水流量为零时，虽然进口溶液温度最低，但溶液温升最高，吸收能力降低最快。因此气体出口湿度最高，吸收量最低。虽然冷却水对强化吸收的效果明显，但水流量不能无限增大，实验结果表明，冷却水流量增大两倍时，出口湿度降低 15%。因此，在实际中应适量选择冷却水量以适应多方面的要求。

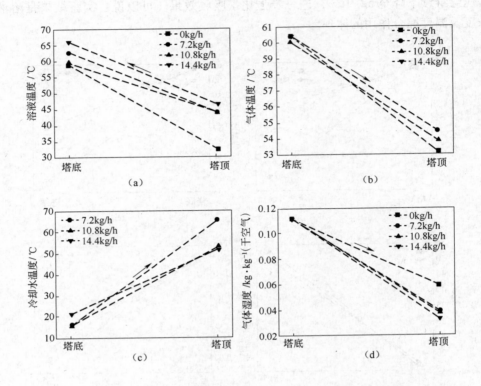

图 3-42　改变冷却水流量时，流体温度及湿度实验结果

d　改变吸收器高度

图 3-43 所示为吸收器高度变化情况下进出口温度及湿度的实验值。吸收段的高度分别为 1m、1.5m 和 2m。

由图 3-43 可见，随着吸收段高度的增大：（1）溶液及冷却水温升增大，吸热量增多；（2）气体温降增大，放热量增多；（3）出口气体湿度降低，吸收量增多。因此，增加吸收器的高度对溶液的吸收过程是有利的，而且出口溶液温度也比较高，利于溶液的再生。

以上分别就溶液流量、浓度，冷却水流量及吸收塔高度等操作条件及几何参数发生变化的情况下，对吸收过程进行了实验研究，得到了具有规律性的结论。即溶液流量、浓度、冷却水流量及吸收器高度增加时，均会对吸收效果起到强化的作用，同时冷却水及溶液的出口温度也会增加，不但增强了热量的再利用潜力而且对于溶液的再生也具有一定的优势。

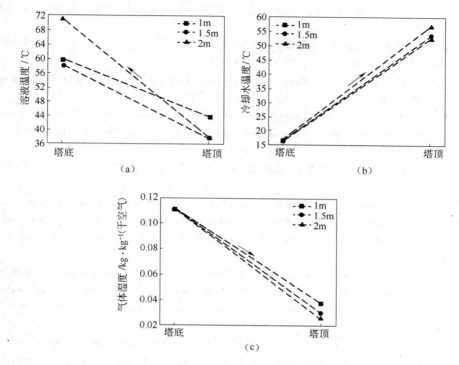

图3-43　改变吸收器高度时，流体温度及湿度实验结果

参 考 文 献

[1] 李先瑞，刘笑. 燃气供热的现状与展望 [J]. 北京节能，2000（2）：8~11.

[2] 宏小龙. 浅析我国天然气综合利用科技成果纵横 [J]. 科技成果纵横，2006，5：38.

[3] 廖泽前. 天然气——21世纪最具挑战性的能源 [J]. 广西电业，2005，2：32~37.

[4] 国家统计局年鉴编辑部. 2012中国统计年鉴 [M]. 北京：国家统计出版社，2012.

[5] 王以中. 关于城市天然气战略安全的思考 [J]. 城市燃气，2005（11）：34~37.

[6] 李慧君，王树众，张斌，等. 冷凝式燃气锅炉烟气余热回收可行性经济分析 [J]. 工业锅炉，2003，2：1~4.

[7] Defu Che, Yanhua Liu, Chunyang Gao. Evaluation of retrofitting a conventional natural gas fired boiler into a condensing boiler [J]. Energy Conversion and Management, 2004, 45（20）：3251~3266.

[8] 付林，田贯三，隋军，等. 吸收式热泵在燃气采暖冷凝热回收中的应用 [J]. 太阳能学报，2003，2（24）：620~624.

[9] Lof G O G. Cooling with solar Energy [C]. 1955Congress on Solar Energy, Tucson, az, 1995: 171~189.

[10] Lazzarin R M, Longo G A, Piccininni F. An open cycle absorption heat pump [J]. Heat Recovery System & CHP, 1992, 12 (5): 391~396.

[11] Lazzarin R M, Longo G A, Gasparella A. Theoretical analysis of an open cycle absorption heating and cooling system [J]. Int J. Refrig, 1996, 19 (3): 160~167.

[12] Currie J S, Pritchard C L. Energy recovery and plume reduction from an industrial spray drying unit using an absorption heat reandformer [J]. Heat Recovery System & CHP, 1994, 14 (3): 239~248.

[13] 马连强. 利用吸收式热泵回收氯碱蒸发工段废热的研究 [D]. 大连: 大连理工大学, 2004.

[14] Scott M, Jernqvist A, Olsson J, et al. Experimental and theoretical study of an open multi-compartment absorption heat transformer for different steam temperatures: Part Ⅰ: Hydrodynamic and heat transfer characteristics [J]. Applied Thermal Engineering, 1999, 19 (3): 279~298.

[15] Scott. M, Jernqvist A, Olsson J, et al. Experimental and theoretical study of an open multi-compartment absorption heat transformer for different steam temperatures: Part Ⅱ: Hydrodynamic and heat Transfer characteristics [J]. Applied Thermal Engineering, 1999, 19 (4): 409~430.

[16] Scott M, Jernqvist A, Olsson J, et al. Experimental and theoretical study of an open multi-compartment absorption heat transformer for different steam temperatures: Part Ⅲ: Hydrodynamic and heat transfer characteristics [J]. Applied Thermal Engineering, 1999, 19 (4): 431~448.

[17] Eisa M A R, Devotta S, Holland. F A. Thermodynamic design data for absorption heat pump systems operating on water-lithium bromide: Part Ⅲ: Simultaneous cooling and heating. Applied Energy, 1986, 25 (2): 83~96.

[18] Sidding Modammed B E, Watson F A, et al. Study of the operating characteristics of a reversed absorption heat-pump system (heat transformer) [J]. Chemical Engineering Research Design, 1983, 61 (1): 283~289.

[19] Barragan R M, Heard C L, Arellano V M. Experimental performance of the water/calcium chloride system in a heat transformer [J]. International Journal of Energy Research, 1996, 20: 651~661.

[20] 天津大学化工原理教研室. 化工原理 [M]. 天津: 天津科学技术出版社, 1999 (1), 109~110.

[21] Best R, Eisa M A R, Holland F A. Thermodynamic design data for absorption heat pump system operating on ammonia-water: Part Ⅲ. Simultaneous cooling and heating [J]. Heat Recovery System and CHP, 1987, 7 (2): 187~194.

[22] 汤学忠. 热能转化与利用 [M]. 北京: 冶金工业出版社, 2002.

[23] Fan Wei, Yunhan Xiao, Shijie Zhang. Latent heat recovery and performance studies for an open cycle Absorption heat transformer [J]. ASME Paper, 2008, GB 2008—51105.

4　余热-地热源吸收式热泵

4.1　余热-地热源吸收式热泵研究背景

目前，在传统的吸收式热泵供热系统中，以溴化锂为工质的吸收式热泵系统具有较高的节能效益和较短的投资回收期而得到了迅速发展。溴化锂吸收式热泵特有的优点在于可以利用各种形式热能来驱动使其从低温吸取热量供给热用户，除可利用燃料燃烧产生的中高品位能，还可利用自然界中大量存在的低品位能，如太阳能、地热能及乏汽中的余热能等[1]。因此，吸收式热泵机组具有更显著的节能效果，受到人们的日益重视，在我国提倡建设能源节约型社会的背景下将会有更加广泛的应用。

随着能源结构和市场需求的变化以及环境保护和节能减排的要求，溴化锂吸收式热泵技术在国内外都有较快的发展，其适用范围和功能也得到了前所未有的壮大，其开发重点趋于多元化，但总趋势是朝着高效率的供热、供冷热泵和超级热泵系统发展。

溴化锂吸收式热泵系统是以热能作为动力，以溴化锂工质作为吸收剂、水作为制冷剂的循环系统，其运行工况稳定、噪声低、结构简单、制造方便、维护费用低。溴化锂吸收式热泵虽然具有上述的诸多优点，但也存在着不足，如传统的溴化锂吸收式热泵机组主要利用蒸汽、热水和燃气等单一热源进行制冷或者供暖。为了适应当前能源状况背景下的市场需求，应大力推出利用复合能源的热泵机组，还要推动清洁能源技术的开发及有效利用，如太阳能、地热能及生物质能等；充分利用高温热源以实现高性能系数的高效循环，如三效循环、四效循环[2]。

国内外对溴化锂吸收式机组回收余热技术的研究主要集中在以下四方面：

（1）废水型溴化锂吸收式机组。利用废水的溴化锂吸收式机组主要是温水型机组，包括低温水型、高温水型、低温水大温差型、高温水大温差型和热泵热水机组[3]。这些废水主要来源于电厂和石化厂的生产工艺过程，若将这部分废水排放掉，不仅浪费能源，还会对环境造成热污染。不同的温水型机组正好可以利用相应温度的废水，这些废水中的热量得到合理利用，既降低了排水温度节约了能源，又保护了环境。

（2）废蒸汽型溴化锂吸收式制冷机组。根据蒸气压力不同，可以选择蒸汽单效机或者蒸汽双效机进行制冷和供暖。不但回收了蒸汽余热,减少了废热排放,而且降低了制冷或采暖的能耗。

（3）溴化锂吸收式热泵。溴化锂吸收式热泵是以水为制冷剂,溴化锂溶液为吸收剂,以蒸汽、热水、燃料（油/气）直接燃烧产生的热量或其他废热作为驱动热源,利用溶液的蒸发、吸收来实现将热量从低温热源向高温热源泵送的设备。吸收式热泵工作原理如图4-1所示。

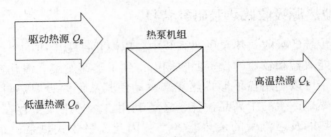

图 4-1　吸收式热泵工作原理

依据吸收式热泵的工作原理,在工业生产中具有大量低品位、无法用常规方法进一步利用的余（废）热,可以通过吸收式热泵来回收,不仅可以减少能源消耗,提高能源利用率,还可以减少对环境的热污染。吸收式热泵是回收利用各种余（废）热的重要设备之一。

（4）烟气型溴化锂吸收式机组。烟气型溴化锂吸收式冷（温）水机组的类型主要有烟气单效机、烟气双效机、烟气热水机和烟气直燃机。这一类吸收式机组可以直接利用工厂工艺、燃气轮机及内燃机产生的高温烟气或缸套冷却水作为驱动热源,采用吸收式制冷机原理进行制冷和供暖,并和发电机组一起共同实现热电冷三联供系统,不仅合理地回收利用了烟气废热,提高了能源利用率,又降低了烟气废热的排放对环境的热污染,节能减排效果显著。

在人们关注全球气候日益变暖和利用矿物燃料燃烧产生的各种环境污染的今天,地热能作为一种清洁、无污染的能源备受各国重视。在 20 世纪,地热能首次被大规模开发用于采暖、工业加工和发电。能源和环境问题成为人类面临的两大社会问题后,地热能的利用得到了越来越广泛的认识。

近几十年,地热能由于自身的优越性发展速度很快,地热能取代传统能源所取得的环境效益和经济效益已被人们所共识[4]。地热能储存于地下,不受气候条件的影响,既可作为基本负荷能,也可作为峰值负荷能使用。从其开发利用成本来看,地热能是目前可再生能源中最具竞争力的一种能源,如图4-2所示。

由图4-2可知,在可再生能源的利用中,地热能的发展潜力最大,占到64%,地热能相对于其他可再生能源更有发展潜力[5,6]。

近年来,具有节能环保特点的双热源乃至多热源热泵系统在我国受到广泛的

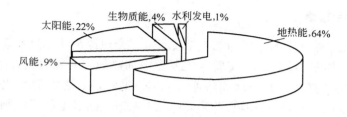

图 4-2 可再生能源的发展潜能

关注[7]。以下为几种常见的双热源联合运行方式：

（1）太阳能-土壤源。太阳能-土壤源热泵系统是采用太阳能与土壤能交替利用的方式来供暖。土壤能的固有特性有利于冬季供暖运行，而太阳能热泵则使集热器在冬季运行时效率提高。太阳能-土壤源热泵系统的综合利用具有节能、节水和减少热污染的优点。

（2）太阳能-空气源。太阳能-空气源一体式高效热泵热水系统不但可以较好地吸收太阳能，而且能有效地吸收空气中的能量，具有良好的热性能[8]。

（3）太阳能-水源。太阳能-水源热泵系统的运行性能直接取决于太阳能、水源的特性及太阳能集热器运行效率，是一种比较节能的系统[9]。

（4）太阳能-生物质能。太阳能-生物质能耦合供能系统是将太阳能与生物质能相互结合、综合利用的新型能源利用系统。其充分利用了太阳能与生物质能的无污染或低污染、分布广泛以及可再生特性[10]。

随着我国节能和环保工作的进一步开展，可再生能源利用技术得到了日益广泛的应用。在吸收式热泵机组运行过程中，单一的热源驱动形式存在着一定的局限性，若将两种不同形式的能量合理地结合，则既可以克服单一热源能量供给不足、运行不稳定的缺点，又可起到节约能源和保护环境的双重作用。开发双热源乃至多热源热泵系统将成为未来热泵研究发展的重点。

为了提高余热资源的回收利用率，采用溴化锂吸收式热泵对烧结矿显热进行深度回收。利用空气回收烧结矿余热，产生的余热将 60℃ 的水加热至 90℃ 后作吸收式热泵的驱动热源。

4.2 双源热泵系统实验研究

以烧结余热作为溴化锂吸收式热泵机组的间接驱动热源，采用溴化锂吸收式热泵对烧结余热进行深度回收，搭建了余热-地热源溴化锂吸收式热泵系统实验台。对吸收式热泵机组在启动工况、稳态工况、变工况及停机工况的运行过程进行实验研究，分析双源热泵系统在不同工况下的运行特性。实验研究结果可为双热源热泵系统能源利用模式提供一定的参考[11~14]。

4.2.1 实验台搭建

　　双源热泵系统实验台主要由三大系统组成：余热源系统、热泵系统和地埋管换热器系统，如图 4-3 所示。实验台主要由电加热炉、变频风机、空气加热器、换热本体、气-水换热器、辅助加热器、电动三通阀门、热水型溴化锂吸收式热泵机组、管道泵、水箱、地埋管及测控系统等组成。通过电动三通阀门调节进入热泵机组的热水温度，并在紧急情况下切断进入热泵机组的热水使热泵机组安全停机。

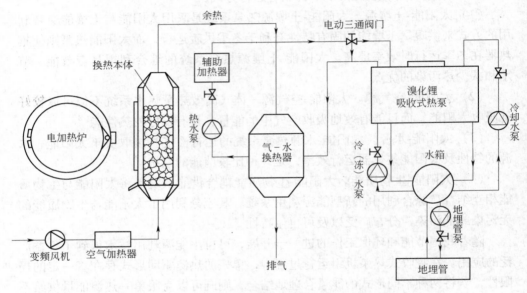

图 4-3　双源热泵实验系统

　　实验设备分为自制设备和外购设备。自制设备为换热本体和水箱，换热本体下方为冷风入口，上方为热气出口。换热本体进出口均通过法兰与管道进行连接。水箱为直径 500mm、高 800mm 的圆柱体。水箱的一侧与冷（冻）水连接，水箱的另一侧与冷却水和 U 型埋管换热器系统连接。实验台外购设备性能参数见表 4-1。热水型溴化锂吸收式热泵为第一类吸收式热泵，其主要技术参数见表 4-2。

表 4-1　实验设备性能参数

设 备 名 称	参 数	数 值
变频风机	全压/Pa	6160
变频风机	流量/$m^3 \cdot h^{-1}$	2000

设 备 名 称	参 数	数 值
电加热炉	功率/kW	45
空气加热器	功率/kW	36
辅助加热器	功率/kW	45
热泵机组	制冷能力/kW	23
热泵机组	耗电量/kW	0.2
冷（冻）水泵	流量/m³·h⁻¹	4
冷（冻）水泵	扬程/m	20
冷却水泵	流量/m³·h⁻¹	10
冷却水泵	扬程/m	25
热水泵	流量/m³·h⁻¹	5.8
热水泵	扬程/m	20
地埋管泵	流量/m³·h⁻¹	6
地埋管泵	扬程/m	20

表 4-2　热泵机组主要技术参数

参数/单位	数 值
型　号	RXZ-23
外形尺寸/mm×mm×mm	1260×800×1770
热水流量/m³·h⁻¹	5.8
热水温度/℃	90/82
热水压力降/MPa	0.04
冷（冻）水流量/m³·h⁻¹	4.0
冷（冻）水温度/℃	12/7
冷（冻）水压力降/MPa	0.03
冷却水流量/m³·h⁻¹	10.0
冷却水温度/℃	30/35
冷却水压力降/MPa	0.04

4.2.2　实验控制系统

实验台控制系统由唐山阿诺达自动化公司开发，该软件可实时监测并记录实验数据，控制系统软件主画面如图 4-4 所示。

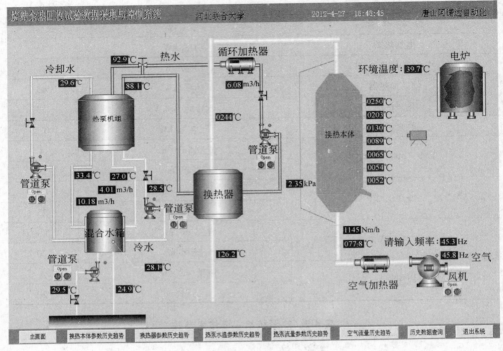

图 4-4　控制系统软件主画面

4.2.2.1　温度测量

在热水管路、冷（冻）水管路、冷却水管路和地埋管路中安装 Pt100 热电阻温度计来测量管道进出口水温，其数据通过自动控制系统传到电脑上并实时记录。

4.2.2.2　压力测量

在热水管路处安装压力表，进行压力测量。

4.2.2.3　流量测量

在热水管路、冷（冻）水管路、冷却水管路和地埋管路中加装阀门用以调节流量。在热水管路、冷（冻）水管路和冷却水管路中安装电磁流量计来测量水流量，其数据通过自动控制系统传到电脑上并实时记录。

4.2.3　实验方法

利用电加热炉将烧结矿加热到 950℃后转移至换热本体内，约 30min 后换热本体热电偶温度稳定，启动风机、热水泵、冷（冻）水泵及冷却水泵。空气进入换热本体后吸收高温烧结矿热量成为高温热风，高温热风进入气-水换热器将热量传递给热水，热水温度逐渐升高。当热水温度高于60℃时，电动三通阀门自动开启，启动热泵机组，高温热水作为驱动热源使热泵机组工作。当余热系统不足以提供高温热水时，可通过热水管路中安装的辅助加热器来保证热泵机组进口水温。当热泵机组运行稳定后，启动地埋管泵。水箱内的水通过地埋管泵驱动进入地埋管换热器系统。冬季运行时，土壤作吸收式热泵的低温热源；而夏季运行时，将土壤作吸收式热泵的高温热源，可以使土壤在整个运行周期中处于温度平衡。

4.2.4 全工况实验研究

4.2.4.1 启动工况

启动风机，换热本体内气固换热是非稳态的换热过程，气-水换热器进出口温差与热水吸热率（热水在气-水换热器中的吸热量占气-水换热器中热风总热量的百分比）变化曲线，如图4-5所示。

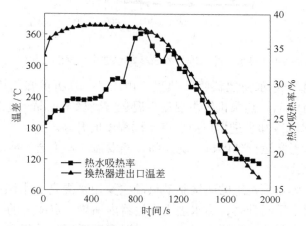

图 4-5 换热器进出口温差与热水吸热率变化曲线

实验开始阶段烧结矿温度很高，启动风机后，空气进入换热本体吸收高温烧结矿热量成为高温热风，经过换热本体出口进入气-水换热器与水进行热交换，水在气-水换热器中流动吸收热量后作为热泵机组的驱动热源使热泵机组运行，达到供热或制冷的目的。启动热泵机组，热水进入发生器，加热来自吸收器的稀溶液，热水温度降低后从热泵机组流出，再次进入气-水换热器继续吸收热风热量，即水进入气-水换热器的入口温度为热泵机组热水回路的出口温度。由图4-5分析可知，0~800s内气-水换热器进出口温差维持在370℃，热水在气-水换热器中不断吸收热量温度升高，热水吸热率呈上升趋势。随着实验的进行，800～900s内由于热水不断地从气-水换热器中吸收热量，导致气-水换热器进出口温差不断降低，但热水吸热率仍呈上升趋势，900s时热水吸热率达到最大值。随着实验的进行，烧结矿温度逐渐降低，气-水换热器进口温度不断下降，热水吸热量逐渐减少，导致热水吸热率呈下降趋势。

0～600s 区间内热泵机组由启动工况运行到稳态工况，热水、冷（冻）水和冷却水进出口温度变化曲线，如图 4-6 所示。

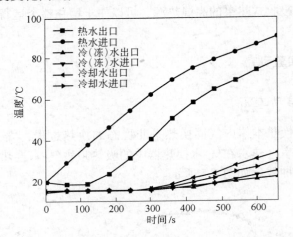

图 4-6　热水、冷（冻）水及冷却水进出口温度变化曲线

热水不断地从气-水换热器吸收热量，由图 4-6 分析可知，热水进口温度由20℃逐渐升高到90℃，热泵机组由启动工况运行到稳态工况。随着热泵机组的运行，冷（冻）水和冷却水进出口温度有不同程度的升高。

热泵机组从正常运行到停机工况期间，蒸发器、发生器、冷凝器及热水温度变化如图 4-7 所示。

烧结余热作为热泵机组的间接驱动热源主要用来提高热水温度，由图 4-7 分析可知，热水温度不断升高，热水进入发生器内加热一定浓度的溴化锂溶液，溶液中低沸点组分大部分被汽化出来，产生高温高压循环工质蒸汽。发生器温度从17.8℃逐渐升高，热泵机组运行 800s 后发生器内温度达到最大值 83℃。发生器温度与热水温度曲线变化趋势一致，但时间上延迟约 200s。烧结余热温度下降，导致热水吸热量减少，发生器温度也随之下降。发生器温度随热水温度变化而变化，热水温度随余热温度变化而变化。热泵机组运行 250s 内，蒸发器和冷凝器温度变化微小。因为此时发生器内温度低于 60℃，吸收器内的稀溶液吸热量少，不能产生足够的冷剂蒸汽。随着热水温度的不断升高，发生器吸收更多的热量后温度升高，蒸发器和冷凝器温度均有不同程度的提高。

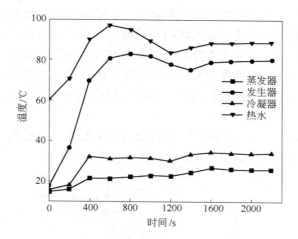

图 4-7　蒸发器、发生器、冷凝器及热水进出口温度变化曲线

4.2.4.2　稳态工况

热泵机组在稳态工况（热水温度恒定，热水、冷（冻）水和冷却水流量不变）下，研究地热温度变化对热泵机组运行特性的影响。

未启动地埋管泵前，U 型管内水基本是静止的，水、回填材料及土壤均处于热平衡状态。启动地埋管泵后，随着 U 型管内水的流动，水与管壁之间的自然对流变为受迫对流，U 型管内水、回填材料及土壤温度依次发生变化，进而对热泵机组运行特性产生影响。启动地埋管泵后，水箱内冷却水由地埋管泵驱动进入地埋管换热器系统，地埋管进出口温度变化如图 4-8 所示。

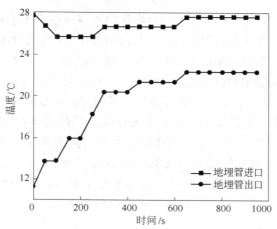

图 4-8　地埋管进出口温度变化曲线

由图 4-8 可知，启动地埋管泵初始阶段，土壤的热扩散效应明显，热量以很快的速度传递到更大的换热半径区域内，地埋管出口水温较低。受地埋管出口水温影响，地埋管进口水温也呈下降趋势。随着地埋管泵稳定运行，地埋管内水不断向土壤传热，导致地埋管管壁周围土壤温度不断上升，土壤热扩散效应逐渐减弱，地埋管出口水温不断升高。运行一段时间后地埋管进出口温度趋于稳定状态。

启动地埋管泵后，由于地埋管进出口温度发生变化，导致热泵机组冷凝器与蒸发器进出口温差变化，如图 4-9 所示。

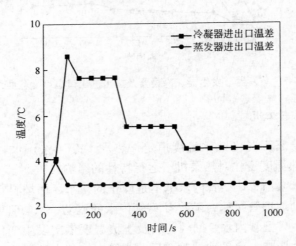

图 4-9　冷凝器与蒸发器进出口温差变化曲线

由图 4-9 可知，启动地埋管泵后，地埋管内水将热量传递给周围土壤，温度降低后流回到水箱。冷却水进口温度降低，从冷凝器中吸收更多的热量，冷却水出口温度升高，冷凝器进出口温差最大。随着地埋管泵稳定运行，地埋管出口温度不断升高，冷却水从冷凝器中吸收的热量逐渐减少，冷凝器进出口温差逐渐变小。

启动地埋管泵后，冷（冻）水及冷却水进出口温度变化曲线如图 4-10 所示。

由图 4-10 可知，水箱内的冷却水进入地埋管换热器系统将热量储存到土壤中，冷却水温度降低后流回水箱。由于冷却水进口温度降低，使得冷却水从冷凝器中的吸热量增加，热泵性能有所提高，导致冷（冻）水进出口温度也相应升高。随着地埋管泵稳定运行，冷却水进口温度稳中有升，冷却水从冷凝器中的吸热量相应减少。冷（冻）水进出口温度在地埋管泵运行一段时间后呈稳定状态。

4.2.4.3　变工况

所需冷、热负荷的变化常常导致吸收式热泵机组在变工况下运行。变工况主

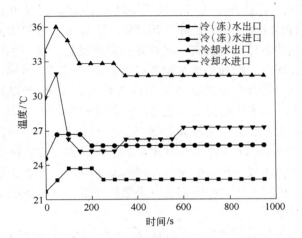

图 4-10 冷（冻）水及冷却水进出口温度变化曲线

要是指流量和温度变化。其中，流量变化包括冷却水流量、冷（冻）水流量及热水流量变化；温度变化包括冷凝温度、蒸发温度及热水温度变化。这些外部条件的改变都会影响到热泵性能系数 COP_h。

A　冷却水流量、冷凝温度及冷凝温差变化对热泵性能系数 COP_h 的影响

保持热水及冷（冻）水流量为额定工况流量，调整冷却水泵流量在 8.1 ~ 12.6m³/h 之间变化，根据实验数据计算出热泵性能系数 COP_h，分析冷却水流量变化对热泵性能系数 COP_h 的影响。在热泵机组运行过程中，热泵性能系数随冷却水流量变化曲线如图 4-11 所示。

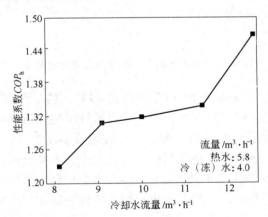

图 4-11　热泵性能系数随冷却水流量变化曲线

由图 4-11 可知，保持热水进口温度为 90℃，冷却水流量由 8.1m³/h 增加到 12.6m³/h，热泵性能系数 COP_h 提高了 19.5%。这是因为冷却水流量增大，冷凝换热器中参与传热的液体流速提高，换热系数得到提高，增加了传热效果，使冷却水吸热量上升。同时，冷却水流量增大可使积垢程度得到缓解，降低热阻，有利于吸收过程传热，热泵机组的制热量和性能系数 COP_h 得到提高。但冷却水流速不能过高，因为冷却水流速过高会使通过冷凝换热器的压力降增大，加大沿程压损，使消耗的动力增加且产生较大的噪声。由于水泵的功率与流量的 3 次方成正比，降低冷却水流量可大大降低冷却水泵的能耗。在工程实际中，往往只注重节约水泵电机的能耗而减小水泵的流量，却忽略了流量变化对热泵机组性能的影响。因此，在热泵机组运行过程中存在一个最佳流量，既能保证机组良好的运行状况，又不会浪费电能。

冷凝温度由 33℃ 变化到 49℃，分析冷凝温度变化对热泵性能系数 COP_h 的影响。热泵性能系数随冷凝温度变化曲线如图 4-12 所示。

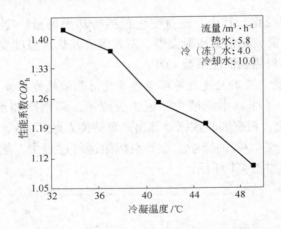

图 4-12　热泵性能系数随冷凝温度变化曲线

由图 4-12 可知，冷凝温度由 33℃ 升高到 49℃，热泵性能系数 COP_h 降低了 22.5%，这是因为热泵机组运行过程中，吸收器放出的热量被冷却水吸收，冷却水温度升高，从冷凝器中的吸热量减少，导致溶液温度上升，从而削弱了传热，热泵机组性能变差。所以，在热泵机组运行过程中，要结合用户的需要，合理选择冷却水温度。如供暖方式采用地暖时，冷却水出口温度可以控制在 40~60℃ 之间；供暖方式采用散热器时，冷却水出口温度应该控制在 60~80℃ 之间。但从热泵机组性能方面考虑，应尽量使冷却水出口温度不要超过 50℃，保证热泵机组良好运行。由图 4-11 和图 4-12 综合分析可知，当冷凝温度不断升高时会使热泵机组性能变差，可以通过适当调节冷却水流量，保证热泵机组在变工况条件下维持相对稳定的性能。

分析冷凝温差变化对热泵性能系数 COP_h 的影响。热泵性能系数随冷凝温差变化曲线如图 4-13 所示。由图 4-13 可知，随着冷凝温差的增大，热泵性能系数 COP_h 升高。

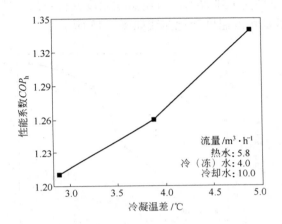

图 4-13 热泵性能系数随冷凝温差变化曲线

B 冷（冻）水流量、蒸发温度及蒸发温差变化对热泵性能系数 COP_h 的影响

保持热水及冷却水流量为额定工况流量，调整冷（冻）水泵流量在 3.0～7.1m^3/h 之间变化，根据实验数据计算出热泵机组性能系数 COP_h，分析冷（冻）水流量变化对热泵机组性能 COP_h 的影响。在热泵机组运行过程中，热泵性能系数随冷（冻）水流量变化曲线如图 4-14 所示。

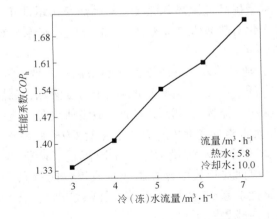

图 4-14 热泵性能系数随冷（冻）水流量变化曲线

由图 4-14 可知，保持热水进口温度为 90℃，冷（冻）水流量由 3.0m³/h 增加到 7.1m³/h，热泵性能系数 COP_h 提高了 28.4%。这是因为提高冷（冻）水流量，会使蒸发器出口水温提高，相应的热泵机组蒸发温度升高，热泵机组的制热量和性能系数 COP_h 得到提高。

蒸发温度由 20℃ 变化到 26℃，分析蒸发温度变化对热泵性能系数 COP_h 的影响。热泵性能系数随蒸发温度变化曲线如图 4-15 所示。

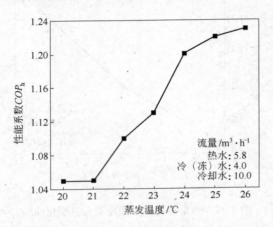

图 4-15　热泵性能系数随蒸发温度变化曲线

由图 4-15 可知，蒸发温度由 20℃ 升高到 26℃，热泵性能系数 COP_h 提高了 17.1%。这是因为蒸发温度升高，使低温热源与制冷剂的传热温差增大，制冷剂从低温热源吸收更多的热量。同时，蒸发温度升高，蒸发器内压力增大，有利于溴化锂冷剂蒸汽被吸收器内的溶液吸收，使吸收效果增强。因此，在实际应用中可根据具体情况，尽量提高低温热源温度，提高热泵机组性能，达到节能效果。

分析蒸发温差变化对热泵性能系数 COP_h 的影响。热泵性能系数随蒸发温差变化曲线如图 4-16 所示。

由图 4-16 可知，随着蒸发温差的增大，热泵性能系数 COP_h 升高。蒸发温差的增加使蒸发压力降低，蒸发压力降低使吸收压力也降低，吸收压力的降低使得冷媒蒸汽露点温度减小，但稀溶液浓度增加，最终使热泵性能系数 COP_h 升高。

C　热水流量和热水温度变化对热泵性能系数 COP_h 的影响

保持冷（冻）水及冷却水流量为额定工况流量，调整热水泵流量在 4.3～8.1m³/h 之间变化，根据实验数据计算出热泵机组性能系数 COP_h。分析热水流量和温度变化对热泵性能系数 COP_h 的影响。在热泵机组运行过程中，热泵性能系数随热水流量变化曲线如图 4-17 所示。

由图 4-17 可知，热水流量由 4.3m³/h 增加到 8.1m³/h，热泵性能系数 COP_h

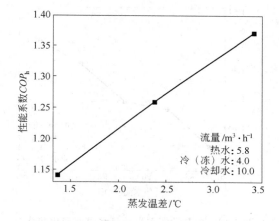

图 4-16 热泵性能系数随蒸发温差变化曲线

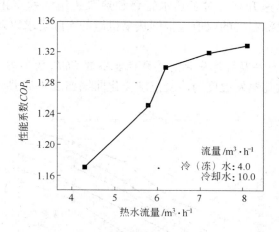

图 4-17 热泵性能系数随热水流量变化曲线

提高了 13.7%。

热水温度由 87℃ 变化到 95℃，分析热水温度变化对热泵性能系数 COP_h 的影响。热泵性能系数随热水温度变化曲线，如图 4-18 所示。

由图 4-18 可知，热水、冷（冻）水及冷却水流量不变时，热水温度由 87℃ 升高到 95℃，热泵性能系数 COP_h 提高了 21.5%。因为热水温度升高使发生器内产生更多的高温冷剂蒸汽，随着发生器内冷剂蒸汽量的不断增加，更多的冷剂蒸汽变为冷剂水，相应的从低温热源中吸收的热量得到增加，使得热泵性能系数 COP_h 得到提高。

在实际应用中，驱动热源温度不应过高。因为随着热水温度的升高，发生器

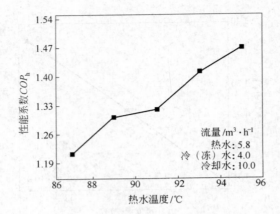

图 4-18 热泵性能系数随热水温度变化曲线

内温度和压力会迅速升高，对于热水管路和热泵机组的稳定正常运行都是不利的。因此，驱动热源温度的取值应根据热泵机组的实际需求以及周围热源的实际情况合理选择。

D 蒸发温度与冷凝温度变化对热泵性能系数 COP_h 的影响

热泵性能系数随蒸发温度与冷凝温度变化曲线如图 4-19 所示。

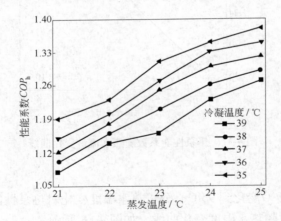

图 4-19 热泵性能系数随蒸发温度与冷凝温度变化曲线

由图 4-19 可知，蒸发温度 T_0 对热泵性能系数的影响要大于冷凝温度 T_k 对热泵性能系数的影响。由式（4-1）～式（4-3）验证结论的正确性。

$$\left| \left(\frac{\partial COP_h}{\partial T_k} \right) \right| = \frac{T_0}{(T_k - T_0)^2} \tag{4-1}$$

$$\left| \left(\frac{\partial COP_{\mathrm{h}}}{\partial T_0} \right) \right| = \frac{T_{\mathrm{k}}}{(T_{\mathrm{k}} - T_0)^2} \tag{4-2}$$

$$\left| \left(\frac{\partial COP_{\mathrm{h}}}{\partial T_0} \right) \right| > \left| \left(\frac{\partial COP_{\mathrm{h}}}{\partial T_{\mathrm{k}}} \right) \right| \tag{4-3}$$

4.2.4.4 停机工况

关闭热泵机组，保持冷却水泵和冷（冻）水泵流量分别在 $10\mathrm{m}^3/\mathrm{h}$ 和 $4\mathrm{m}^3/\mathrm{h}$ 下运行，热水、冷（冻）水和冷却水进出口温度变化曲线如图 4-20 所示。

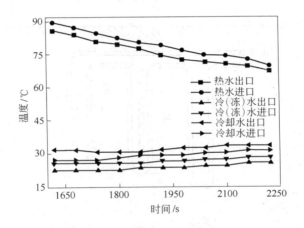

图 4-20　热水、冷（冻）水和冷却水进出口温度变化曲线

关闭热泵机组使其进入稀释状态。热泵机组稀释运行 10min 后自动检查发生器温度是否低于 $60\,^\circ\!\mathrm{C}$。当发生器温度高于 $60\,^\circ\!\mathrm{C}$ 时，热泵机组继续稀释；当发生器温度低于 $60\,^\circ\!\mathrm{C}$ 时，热泵机组自动关机。由图 4-20 可知，从关闭热泵机组使其进入稀释状态开始，热水进出口温度逐渐降低，热泵机组稀释运行 10min 后检查发生器温度低于 $60\,^\circ\!\mathrm{C}$，热泵机组自动关机，此时热水进口温度为 $65.09\,^\circ\!\mathrm{C}$，热水出口温度为 $64.5\,^\circ\!\mathrm{C}$。冷（冻）水和冷却水进出口温度稍有上升趋势但变化不明显。

4.3　U型埋管换热性能研究

垂直 U 型埋管换热器系统是在钻井中布置寿命长、强度高、导热系数大、流动阻力小的 U 型塑料管道，并在钻井和塑料管道的空隙间填充回填材料，与周围土壤构成一个整体。土壤的温度波动小，在地面以下 14m 处，土壤的温度趋于稳定[15]，有利于与地埋管换热器系统进行热交换。本章的主要内容是以实验台为基础，U 型埋管换热器系统模型，对串联 100m 单 U 管、85m 双 U 管和 30m 单 U

管换热特性进行理论分析及数值模拟，研究结果可为实际工程提供参考依据[16]。

4.3.1 实验系统

U 型埋管换热器与常规换热器不同，它不是两种流体之间的换热，而是通过在换热器中流动的流体与周围的土壤进行热量（或冷量）的交换。目前，国内土壤源垂直埋管形式多为单 U 管或双 U 管布置[17]。U 型埋管换热器系统设埋管井 3 眼。由垂直单 U 管和双 U 管串联组成闭式循环管路，埋管换热器以水作为载体，水通过地埋管泵驱动由 100m（H1）单 U 管换热器一端流入，经过 85m（H2）双 U 管、30m（H3）单 U 管后流回水箱，如图 4-21 所示。

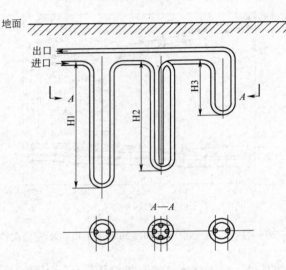

图 4-21 U 型埋管换热器系统

U 型埋管换热器几何参数见表 4-3。根据唐山地区的地质条件来确定土壤的物性参数[18]，见表 4-4。

表 4-3 U 型埋管换热器几何参数

参　数	数　值
PE 地源热泵专用管材外径/mm	25
管壁厚度/mm	2.5
管间距/mm	100
钻井直径/mm	150
两钻井中心距/m	6.0
冻土层（H4）/m	1.5
管内水流速/m·s^{-1}	5.3
地埋管导热系数/W·(m·K)$^{-1}$	0.42

表4-4 土壤物性参数

参　　数	数　　值
初始地温/K	288
土壤导热系数/W·(m·K)$^{-1}$	2.35
土壤密度/kg·m^{-3}	2895
土壤热容/J·(kg·K)$^{-1}$	1895
回填材料导热系数/W·(m·K)$^{-1}$	2.1

4.3.2 理论分析

U型垂直埋管换热器平均换热量计算公式：

$$\Phi = c_f q_V \rho_f (T'_f - T''_f) \tag{4-4}$$

式中　Φ——U型垂直埋管换热器平均换热量，W；

　　　c_f——水的比热容，J/(kg·K)；

　　　q_V——埋管内水体积流量，m^3/s；

　　　ρ_f——水的密度，kg/m；

　　　T'_f——埋管进口温度，K；

　　　T''_f——埋管出口温度，K。

U型埋管换热器单位管长换热量的定义为：单位换热器长度下，管内流体与周围土壤交换的热流量，通常用其来衡量地埋管换热器的换热性能。

$$q_1 = \frac{Q}{nL} \tag{4-5}$$

式中　q_1——埋管换热器单位管长换热量，W/m；

　　　n——埋管数量；

　　　L——埋管长度，m。

$$T_f^0 = \frac{T'_f + T''_f}{2} \tag{4-6}$$

式中　T_f^0——埋管内水的平均温度（以T_f^0为定性温度），K。

$$Re_f = \frac{ud}{\nu_f} \tag{4-7}$$

式中　Re_f——雷诺数；

　　　u——水在埋管内流速，m/s；

　　　d——埋管内径，m；

　　　ν_f——运动黏度，m^2/s。

$$Nu_f = 0.023 Re_f^{0.8} Pr_f^n \tag{4-8}$$

式中　　Nu_f——努塞尔数；

　　　　Pr_f——普朗特数，加热流体时，n 取 0.4；冷却流体时，n 取 0.3。

$$h_m = \frac{\lambda_f}{d} Nu_f \qquad (4-9)$$

式中　　h_m——表面传热系数，$W/(m^2 \cdot K)$；

　　　　λ_f——导热系数，$W/(m \cdot K)$。

$$T_p = T_f^0 + \frac{\Phi}{h_m A} \qquad (4-10)$$

式中　　T_p——管壁温度，K；

　　　　A——埋管横截面积，m^2。

地埋管换热器的换热性能是影响地埋管初投资的一个重要因素。因此，应根据工程实际情况，尽量提高埋管的换热性能，减小钻井内热阻，最终减少钻井深度和数量。

4.3.3　数值模拟

4.3.3.1　数学模型

A　U 型管换热器传热分析

U 型管与土壤的换热过程很复杂，影响因素也很多。U 型管与土壤之间的换热是一个通过多层介质的热传导过程，具体由 6 个换热过程组成：U 型管内水与管内壁的对流换热过程、U 型管壁的导热过程、U 型管外壁面与回填材料之间的传热过程、回填材料内部的导热过程、回填材料与钻井壁的传热过程、钻井壁周围即土壤的导热过程[19]。影响这些过程的因素有很多，如 U 型管与土壤在短期或长期运行工况下的换热规律、土壤冻融和地下水渗流的影响、外界空气温度的变化、土壤的热物性和相邻埋管间的热干扰等。如果将这些影响因素全部考虑，计算过程将十分复杂，考虑到现有计算能力，为简化计算模型，对 U 型管换热器系统做如下几点假设[20]：

（1）土壤为各向同性、均质及刚性多孔介质且不考虑湿度及地下水影响；

（2）土壤和回填材料热物性参数各自均匀且为定值；

（3）管内水流速为定值且忽略水的热物性随温度变化；

（4）忽略管壁热阻及管壁与土壤的接触热阻；

（5）管内水的初始温度与管壁、回填土及土壤的初始温度一致且等于边界土壤温度，边界土壤温度看做是定值；

（6）初始时刻管内水的流速为 0m/s。

B U型管换热器数学模型[21]

（1）U型管内水的传热：

$$\frac{\partial T_f}{\partial t} = - u \frac{\partial T_f}{\partial z} - \frac{2h_m}{\rho_f c_f r_i}(T_f - T_p)\big|_{r=r_i} \tag{4-11}$$

式中 T_f——埋管内水的温度，K。

（2）U型管壁的导热：

$$\rho_p c_p \frac{\partial T_p}{\partial t} = \frac{\lambda_p}{r} \frac{\partial}{\partial r}\left(r \frac{\partial T_p}{\partial r}\right) + \frac{\partial}{\partial z}\left(\lambda_p \frac{\partial T_p}{\partial z}\right) \tag{4-12}$$

式中 ρ_p——管壁密度，kg/m³；

c_p——管壁比热容，J/(kg·K)；

λ_p——管壁导热系数，W/(m·K)。

（3）回填材料的导热：

$$\rho_h c_h \frac{\partial T_h}{\partial t} = \frac{\lambda_h}{r} \frac{\partial}{\partial r}\left(r \frac{\partial T_h}{\partial r}\right) + \frac{\partial}{\partial z}\left(\lambda_h \frac{\partial T_h}{\partial z}\right) \tag{4-13}$$

式中 ρ_h——回填材料密度，kg/m³；

c_h——回填材料比热容，J/(kg·K)；

T_h——回填材料温度，K；

λ_h——回填材料导热系数，W/(m·K)。

（4）土壤的导热：

$$\rho_s c_s \frac{\partial T_s}{\partial t} = \frac{\lambda_s}{r} \frac{\partial}{\partial r}\left(r \frac{\partial T_s}{\partial r}\right) + \frac{\partial}{\partial z}\left(\lambda_s \frac{\partial T_s}{\partial z}\right) \tag{4-14}$$

式中 ρ_s——土壤密度，kg/m³；

c_s——土壤比热容，J/(kg·K)；

T_s——土壤温度，K；

λ_s——土壤导热系数，W/(m·K)。

（5）初始条件：

$t=0$ 时 $\qquad\qquad T_f = T_p = T_h = T_s = T_0$

式中 T_0——土壤初始温度，K。

（6）边界条件。

埋管外壁与回填材料交界的边界条件：

$$\lambda_p \frac{\partial T_p}{\partial r}\big|_{r=r_0} = \lambda_h \frac{\partial T_h}{\partial r}\big|_{r=r_0} \tag{4-15}$$

$$T_p = T_h\big|_{r=r_0} \tag{4-16}$$

回填材料与土壤交界的边界条件：

$$\lambda_h \frac{\partial T_h}{\partial r}\Big|_{r=r_h} = \lambda_s \frac{\partial T_s}{\partial r}\Big|_{r=r_h} \tag{4-17}$$

$$T_h = T_s\big|_{r=r_h} \tag{4-18}$$

无限远边界条件：

$$T_\infty = T_s = T_0 \tag{4-19}$$

$$\lambda_s \frac{\partial T_s}{\partial r}\Big|_{r=r_\infty} = 0 \tag{4-20}$$

流体进口条件：

$$T_f(z=0) = T_{fin} \tag{4-21}$$

4.3.3.2　控制方程

U 型管内水为不可压缩流体，水在管内流动换热过程可以用连续性方程式（4-22）、动量方程式（4-23）~式（4-25）和能量方程式（4-26）来描述。

$$\frac{\partial u}{\partial x} + \frac{\partial v}{\partial y} + \frac{\partial w}{\partial z} = 0 \tag{4-22}$$

$$\rho\left(\frac{\partial u}{\partial t} + u\frac{\partial u}{\partial x} + v\frac{\partial u}{\partial y} + w\frac{\partial u}{\partial z}\right) = \mu\left(\frac{\partial^2 u}{\partial x^2} + \frac{\partial^2 u}{\partial y^2} + \frac{\partial^2 u}{\partial z^2}\right) - \frac{\partial p}{\partial x} \tag{4-23}$$

$$\rho\left(\frac{\partial v}{\partial t} + u\frac{\partial v}{\partial x} + v\frac{\partial v}{\partial y} + w\frac{\partial v}{\partial z}\right) = \mu\left(\frac{\partial^2 v}{\partial x^2} + \frac{\partial^2 v}{\partial y^2} + \frac{\partial^2 v}{\partial z^2}\right) - \frac{\partial p}{\partial y} \tag{4-24}$$

$$\rho\left(\frac{\partial w}{\partial t} + u\frac{\partial w}{\partial x} + v\frac{\partial w}{\partial y} + w\frac{\partial w}{\partial z}\right) = \mu\left(\frac{\partial^2 w}{\partial x^2} + \frac{\partial^2 w}{\partial y^2} + \frac{\partial^2 w}{\partial z^2}\right) - \frac{\partial p}{\partial z} \tag{4-25}$$

$$\frac{\partial T}{\partial t} + u\frac{\partial T}{\partial x} + v\frac{\partial T}{\partial y} + w\frac{\partial T}{\partial z} = a\left(\frac{\partial^2 T}{\partial x^2} + \frac{\partial^2 T}{\partial y^2} + \frac{\partial^2 T}{\partial z^2}\right) \tag{4-26}$$

4.3.3.3　物理模型

U 型埋管换热器系统中埋管形式分为单 U 管和双 U 管两种，水由地埋管泵驱动依次进入 100m 单 U 管、85m 双 U 管和 30m 单 U 管。U 型埋管与周围土壤进行热交换，采用 Gambit 软件对 U 型埋管进行 1∶1 等尺寸建立三维几何模型。管内径仅有 20mm，而井深却从 30m 到 100m 不等，相差几个数量级。因此，建立的 U 型埋管物理模型为细长形，如图 4-22 所示。钻井外层范围为热作用区域。

4.3.3.4　网格划分

利用 Gambit 软件采用结构化网格对埋管管壁、回填材料及钻井周围土壤进行网格划分。考虑到沿着钻井中心半径方向温度场变化越来越小，因此将钻井内 U 型埋管管壁和回填材料采取密集网格划分，如图 4-23 所示。钻井周围土壤则

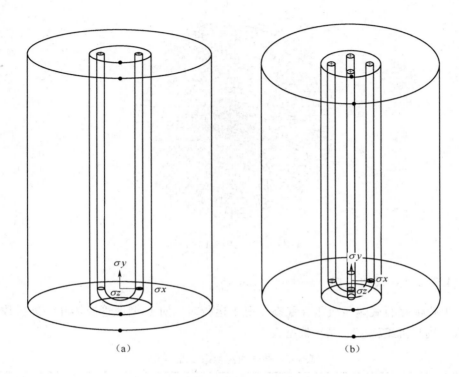

（a） （b）

图 4-22 U 型埋管物理模型

（a）单 U 管；（b）双 U 管

采取稀疏网格划分，如图 4-24 所示。

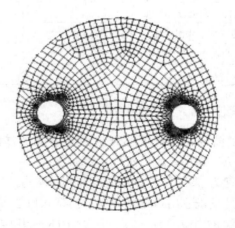

图 4-23 U 型埋管管壁和回填材料截面网格

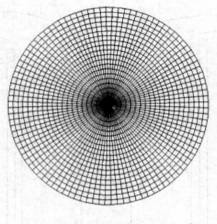

图 4-24　土壤截面网格

4.3.3.5　模拟工况

溴化锂吸收式热泵机组在稳态工况下运行时，对 U 型埋管换热性能进行数值模拟。热泵机组稳态工况参数见表 4-5。

表 4-5　热泵机组稳态工况参数

参　　数	数　　值
地埋管流量/m³·h⁻¹	6.0
热水流量/m³·h⁻¹	5.8
热水温度/℃	88.4/82.8
冷（冻）水流量/m³·h⁻¹	4.0
冷（冻）水温度/℃	25.5/22.1
冷却水流量/m³·h⁻¹	10.0
冷却水温度/℃	28.3/33.1

4.3.3.6　边界条件

Fluent 求解器采用耦合、隐式求解算法；应用能量方程；采用三维稳态计算，湍流模型为 RNG $k\text{-}\varepsilon$ 模型。边界条件设定如下：

（1）流体区域类型为 "FLUID"，其他部分类型均为 "SOLID"；

（2）流动边界条件按进、出口分别考虑，模型入口边界设为速度入口 "VELOCITY_ INLET"，速度为 5.3m/s，温度为 301K；出口边界设为自由出流 "OUTLET"；

（3）模型底面和侧面定义为"WALL"边界条件；

（4）对称面采用"SYMMERY"边界条件，此面上各参数梯度均为零。

4.3.4 结果分析

4.3.4.1 轴向温度场分布

溴化锂吸收式热泵机组在稳态工况下运行时，利用 Fluent 软件对 U 型管及周围土壤温度进行数值模拟，得到 100m 单 U 管轴向不同深度（20m、40m、60m 和 80m）土壤温度场，如图 4-25 所示。85m 双 U 管轴向不同深度（17m、34m、51m 和 68m）土壤温度场，如图 4-26 所示。

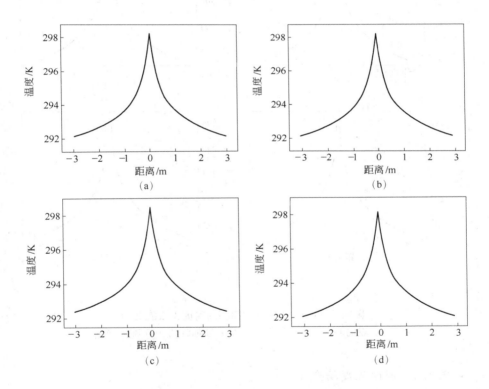

图 4-25　100m 单 U 管轴向不同深度土壤温度场

（a）轴向 20m；（b）轴向 40m；（c）轴向 60m；（d）轴向 80m

由图 4-25 可知，100m 单 U 管轴向不同深度处土壤温度分布曲线趋势是一致的。在垂直方向上，土壤温度梯度很小。因为水在 U 型管内流动，散热量小。而在水平方向上，土壤温度梯度较大。因为 U 型埋管与土壤进行热交换，热量沿着热作用半径向四周传递，散热量大。热作用半径 1m 时温度下降速度很快，随着半径的不断扩大，温度下降速度变缓。由图 4-26 可知，85m 双 U 管轴向不同深度处土壤温度分布曲线趋势与 100m 单 U 管是一致的。因此，由图 4-25 和图 4-26 可知，无论是单 U 管还是双 U 管，轴向不同深度处土壤温度场分布曲线趋势一致。在垂直方向上，土壤温度梯度很小；在水平方向上，土壤温度梯度较大。

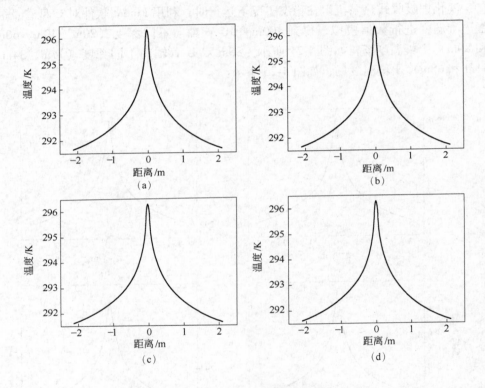

图 4-26　85m 双 U 管轴向不同深度土壤温度场
（a）轴向 17m；（b）轴向 34m；（c）轴向 51m；（d）轴向 68m

4.3.4.2　周向温度场分布

启动地埋管泵后，随着 U 型管内水的流动，水与管壁之间的自然对流变为受迫对流，U 型管内水、回填材料及土壤温度依次发生变化，U 型管周围土壤温度场反映了系统运行时 U 型埋管的换热性能。溴化锂吸收式热泵机组在稳态工况下运行时，利用 Fluent 软件对 U 型管及周围土壤温度进行数值模拟，得到 100m 单 U 管、85m 双 U 管和 30m 单 U 管周向温度场，如图 4-27～图 4-29 所示。

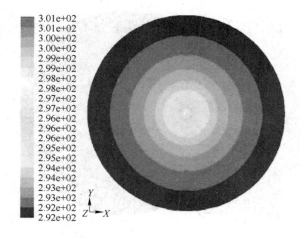

图 4-27　100m 单 U 管周向温度场

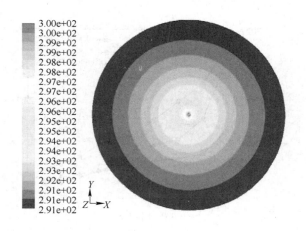

图 4-28　85m 双 U 管周向温度场

由图 4-27~图 4-29 可知，沿着钻井中心周向温度逐渐降低。因为启动地埋管泵后，U 型管内水温高于土壤，热量不断地传递到土壤，由于土壤的热扩散效应，土壤将热量传递到更大的换热半径区域内。

随着溴化锂吸收式热泵机组在稳态工况下不断运行，U 型管通过管壁逐渐向土壤散热而使土壤温度升高并将热量向远处传递。当热泵机组持续运行一段时间后，尽管各钻井间热量迁移发生热干扰，但此时的热干扰非常微小，因而可以确定各钻井间的合理间距。存在一个不受土壤温度扰动的界面，此界面到等价圆管轴线的水平距离即为热作用半径。钻井中心沿热作用半径方向温度变化如图 4-30 所示。

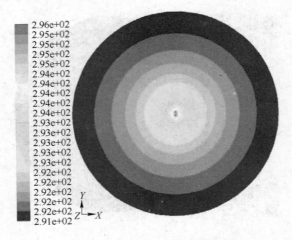

图 4-29   30m 单 U 管周向温度场

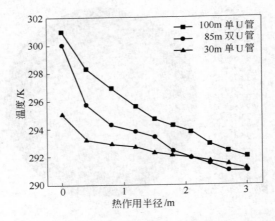

图 4-30   钻井中心沿热作用半径方向温度变化

由图 4-30 可知，100m 单 U 管由 301K 降至 292K；85m 双 U 管由 300K 降至 291K；30m 单 U 管由 295K 降至 291.2K，热干扰作用微小，钻井间距 6m 充分满足换热要求。为使两垂直埋管间热量传导不相互影响，理论上埋管相距越远越好，但占地面积增大，工程造价会有所增加。因此，应根据工程实际情况，合理选择埋管间距。

利用 Fluent 软件对 U 型管进出口温度进行数值模拟，得到 U 型管进出口水温，如图 4-31 所示。

由图 4-31 可知，85m 双 U 管进出口温差最大，与土壤换热量最多；其次为100m 单 U 管；30m 单 U 管与土壤换热量最少，说明埋管形式及深度对换热有较

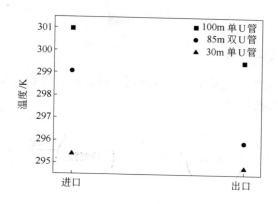

图 4-31 U 型管进出口水温

大影响。单位长度下，单 U 管比双 U 管换热性能要好；同一埋管形式下，埋管越深换热越充分。然而，埋管越深，安装费用也越高。因此，应根据工程实际情况，合理选择埋管形式及深度。

4.3.4.3 结果验证

由图 4-31 得到 100m 单 U 管、85m 双 U 管和 30m 单 U 管进出口温度值。模拟与实验结果对比，见表 4-6。

表 4-6 模拟结果与实验结果对比

U 型管	实验/℃	模拟/℃	相对误差/%
100m 单 U 型管	28/25.7	28/26.5	0/3.1
85m 双 U 型管	25.7/21.7	26.1/22.9	1.6/5.5
30m 单 U 型管	21.7/21	22.4/21.8	3.2/3.8

由表 4-6 可知，模拟与实验结果相对误差最大为 5.5%。对于 30m 单 U 管，实验所测其出口温度为 21℃，而通过数值模拟得到其出口温度为 21.8℃，模拟与实验结果吻合较好。

4.4 双源热泵系统热力学分析

以热力学为基础，计算稳态工况下吸收式热泵与压缩式热泵的制热系数 COP_h、制冷系数 COP、热量㶲效率及冷量㶲效率，对结果进行比较分析；并对吸收式热泵机组主要设备的能量平衡进行了分析，得到了热泵机组主要设备的㶲损及㶲损系数，提出了减少㶲损及合理用能的措施。

4.4.1 评价指标

4.4.1.1 吸收式热泵

溴化锂吸收式热泵通过发生器、冷凝器、蒸发器、吸收器及溶液泵与外界进行能量交换[22]，如图 4-32 所示。

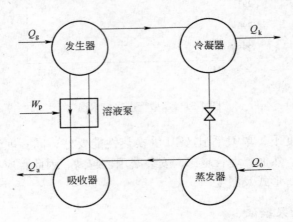

图 4-32 吸收式热泵与外界能量交换

假设吸收式热泵处于稳态，忽略热泵自身的散热损失，根据热力学第一定律得到吸收式热泵的能量平衡式：

$$Q_g + Q_0 + W_p = Q_a + Q_k \tag{4-27}$$

式中　Q_g——热泵消耗热量，即从热水中获得热量与热泵消耗电量之和，kW；

　　　Q_0——热泵从低温热源吸收热量，kW；

　　　W_p——溶液泵耗功量，kW；

　　　Q_a——吸收器放出热量，kW；

　　　Q_k——冷凝器放出热量，kW。

由于溶液泵耗功量 W_p 远远小于热泵消耗热量 Q_g，因此溶液泵的耗功量 W_p 可以忽略不计。则式（4-27）写为：

$$Q_g + Q_0 = Q_a + Q_k \tag{4-28}$$

实验台选用的热泵为第一类吸收式热泵，其供热主要是依靠冷凝和吸收过程的放热量 Q_k 和 Q_a 来提供，而热泵消耗热量为 Q_g。根据热泵机组在稳态工况下的实验数据，计算其制热系数 COP_h：

$$COP_h = \frac{Q_k + Q_a}{Q_g} \tag{4-29}$$

　　溴化锂吸收式热泵制冷过程主要依靠蒸发器从低温热源吸收热量 Q_0，使低温热源温度降低达到制冷的目的，热泵消耗热能为 Q_g。根据热泵机组在稳态工况下的实验数据，计算其制冷系数 COP：

$$COP = \frac{Q_0}{Q_g} \tag{4-30}$$

　　吸收式热泵是利用热能驱动工质循环，实现对热能的"泵送"功能；而压缩式热泵则靠压缩机驱动工质循环流动，从而连续的将热量从低温热源"泵送"到高温热源供给用户。

4.4.1.2　压缩式热泵

　　图 4-33 所示为压缩式热泵的 ln$p$-h 图，依据能量守恒定律得到：

$$Q_1 = Q_2 + W \tag{4-31}$$

　　压缩式热泵供热主要是依靠冷凝过程的放热量 Q_1 来提供，而压缩式热泵消耗的功为 W。压缩式热泵的制热系数 COP'_h 为：

$$COP'_h = \frac{Q_1}{W} \tag{4-32}$$

　　压缩式热泵的制冷过程主要依靠蒸发器从低温热源吸收的热量 Q_2，使低温热源温度降低达到制冷的目的。压缩式热泵的制冷系数 COP' 为：

$$COP' = \frac{Q_2}{W} \tag{4-33}$$

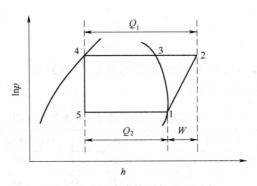

图 4-33　压缩式热泵的 ln$p$-h 图

4.4.2　㶲效率

　　对热泵系统进行分析时，通常从热力学第一定律出发，得到制热或制冷系数，这种分析方法是基于能量的"量"，只适用于定质量系统，对比的基准是卡诺理论热效率。但实际循环过程均为不可逆过程，与卡诺循环在实际中的意义不大。而以热力学第二定律为基础的㶲效率则是基于能量的"量"和"质"综合考虑，针对不可逆性带来的能量损耗提出㶲效率，它是对热效率的改进，但又有实质性的不同。㶲效率是以热力学第二定律为主要内容，但同时又兼顾热力学第一定律，是两个定律的结合。㶲效率是收益㶲与支付㶲的比值。㶲效率可以确定能量转换的效果和有效利用程度。

稳态工况下，假设吸收式热泵从低温热源吸收的热量 Q_0 和向高温放出的热量 Q_k 分别与压缩式热泵从低温热源吸收的热量 Q_2 和向高温放出的热量 Q_1 相等时，对吸收式热泵和压缩式热泵的㶲效率进行分析比较。

（1）吸收式热泵。

热量㶲效率：

$$\eta_{热量} = \frac{Ex_{Q_k}}{Ex_{Q_g}} \tag{4-34}$$

冷量㶲效率：

$$\eta_{冷量} = \frac{Ex_{Q_0}}{Ex_{Q_g}} \tag{4-35}$$

（2）压缩式热泵。

热量㶲效率：

$$\eta'_{热量} = \frac{Ex_{Q_1}}{W} \tag{4-36}$$

冷量㶲效率：

$$\eta'_{冷量} = \frac{Ex_{Q_2}}{W} \tag{4-37}$$

稳态工况下，吸收式热泵与压缩式热泵的制热系数、制冷系数及热量㶲效率、冷量㶲效率计算结果见表 4-7。

表 4-7　稳态工况下的不同形式热泵计算结果

名　称	制热系数	制冷系数	热量㶲效率/%	冷量㶲效率/%
吸收式热泵	1.34	0.34	12.97	7.04
压缩式热泵	1.47	0.47	2.66	1.44

由表 4-7 可知，压缩式热泵的制热系数及制冷系数均高于吸收式热泵，即制取同样多的热量或冷量，压缩式热泵所消耗的电能要少于吸收式热泵消耗的热能。但吸收式热泵的热量㶲效率及冷量㶲效率均高于压缩式热泵。吸收式热泵的热量㶲效率是压缩式热泵的 5 倍。压缩式热泵中有 97.34% 的机械能转变成了㶲。吸收式热泵㶲利用程度要高于压缩式热泵，合理利用了能量。

4.4.3　热泵机组热力学分析

4.4.3.1　热平衡

实验利用烧结余热产生高温热水驱动溴化锂吸收式热泵机组工作。溴化锂吸收式热泵系统流程如图 4-34 所示。

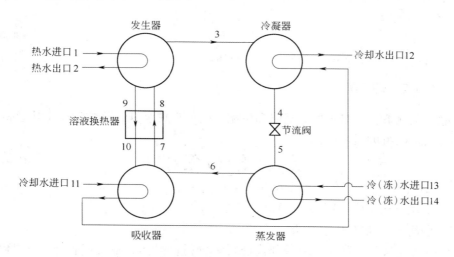

图 4-34　溴化锂吸收式热泵系统流程

由图 4-34 可知，烧结余热携带的热量产生高温热水，热水将热量传递到热泵机组的发生器，使发生器内温度升高，加热来自吸收器的稀溶液，稀溶液吸收热量产生大量冷剂蒸汽，同时稀溶液被浓缩成浓溶液。冷剂蒸汽进入冷凝器，被管内流动的冷却水所冷却，冷却水吸收热量后温度升高，从而达到制热的目的。冷剂蒸汽放出热量变为冷剂水，经过节流阀进入蒸发器。由于蒸发器内压力很低，冷剂水吸收管内流动的冷（冻）水所含有的热量而蒸发，使冷（冻）水的温度降低，从而达到制冷的目的。发生器出口的浓溶液经过溶液换热器降温后进入吸收器，吸收来自蒸发器的低温冷剂蒸汽，并使蒸发器保持低压，浓溶液吸收冷剂蒸汽后变为稀溶液，由溶液泵送至发生器，如此循环不息。由溴化锂吸收式热泵系统流程分析各部件的热平衡。

（1）蒸发器：

$$Q_0 = m_r(h_6 - h_5) = m_c(h_{13} - h_{14}) \tag{4-38}$$

式中　m_r——热泵工质的质量流量，kg/s；

　　　m_c——冷（冻）水质量流量，kg/s；

　h_5，h_6——蒸发器进出口工质比焓，kJ/kg；

h_{13}，h_{14}——冷（冻）水进出口比焓，kJ/kg。

（2）冷凝器：

$$Q_k = m_r(h_3 - h_4) = m_{hy}(h_{12} - h_{11}) \tag{4-39}$$

式中　m_{hy}——冷却水质量流量，kg/s；

　h_3，h_4——冷凝器进出口工质比焓，kJ/kg；

　h_{11}，h_{12}——冷却水进出口比焓，kJ/kg。

（3）节流阀：

$$h_4 = h_5 \tag{4-40}$$

式中　h_4，h_5——节流前后工质比焓，kJ/kg。

4.4.3.2　㶲平衡

稳态工况下，忽略工质的动能和位能，则进入热泵机组总㶲为流出热泵机组总㶲与热泵机组㶲损之和：

$$\sum E_x^i = \sum E_x^o + \sum E_x^d \tag{4-41}$$

式中　$\sum E_x^i$——进入热泵机组总㶲；

　$\sum E_x^o$——流出热泵机组总㶲；

　$\sum E_x^d$——热泵机组㶲损。

对溴化锂吸收式热泵机组各部件进行㶲分析，得到热泵机组各部件的㶲损，提出了减少㶲损及合理用能的措施。

（1）发生器。发生器㶲损主要由两部分组成，传热温差产生的㶲损和热水回水带走的能量中所包含的㶲[23]：

$$\Delta E_1 = m_q e_1 + m e_8 - m_a e_9 - m_r e_3 - m_q e_2 \tag{4-42}$$

式中　　　　　m_q——热水的质量流量，kg/s；

　　　　　ΔE_1——发生器㶲损，kJ/s；

e_i（$i=1$，2，3，8，9）——各工况点工质比焓，kJ/kg；

　　　　　m_a——溴化锂浓溶液质量流量，kg/s；

　　　　　m——溴化锂稀溶液质量流量，$m = m_a + m_r$，kg/s。

（2）冷凝器。冷凝器是向用户提供热量的部件，其㶲损由两部分组成，冷凝器失去㶲和用户收益㶲：

$$\Delta E_k = m_r(e_3 - e_4) - m_{hy}(e_{12} - e_{11}) \tag{4-43}$$

式中　ΔE_k——冷凝器㶲损，kJ/s；

　e_{11}，e_{12}——冷却水进出口比㶲，kJ/kg。

（3）节流阀。

$$\Delta E_v = m_r(e_4 - e_5) \tag{4-44}$$

式中　ΔE_v——节流阀㶲损，kJ/s。

（4）蒸发器。蒸发器㶲损主要由两部分组成，蒸发器从环境获得㶲和蒸发器本身失去㶲：

$$\Delta E_0 = m_c(e_{13} - e_{14}) - m_r(e_6 - e_5) \tag{4-45}$$

式中　ΔE_0——蒸发器㶲损，kJ/s；

e_{13}，e_{14}——冷（冻）水进出口比㶲，kJ/kg。

（5）吸收器。吸收器㶲损主要由两部分组成，传热温差产生的㶲损和冷却水带走的㶲损：

$$\Delta E_a = m_r e_6 + m_a e_{10} - m e_7 \tag{4-46}$$

式中　ΔE_a——吸收器㶲损，kJ/s。

（6）溶液换热器。溶液换热器㶲损主要由传热温差产生：

$$\Delta E_r = m_a(e_9 - e_{10}) - m_r(e_8 - e_7) \tag{4-47}$$

溴化锂吸收式热泵机组总㶲损为：

$$\sum E = \Delta E_1 + \Delta E_k + \Delta E_v + \Delta E_0 + \Delta E_a + \Delta E_r \tag{4-48}$$

当工质的温度 T 与环境温度 T_0 不同，而压力与环境相同时，所具有的㶲称为温度㶲。当工质无相变且已知其比热容 c_p 时，可得温度㶲的计算公式：

$$e_{xT} = \int_{T_0}^{T} c_p \, dT - T_0 \int_{T_0}^{T} \frac{c_p}{T} \, dT \tag{4-49}$$

由于压力变化微小，将比定压热容近似地视为常数，当工质的温度高于环境温度时（$T > T_0$），则式（4-49）写为：

$$e_{xT} = (h - h_0)\left[1 - \frac{T_0}{T - T_0}\ln\frac{T}{T_0}\right] \tag{4-50}$$

由式（4-50）可得，进入热泵机组㶲及流出热泵机组㶲，见式（4-51）和式（4-52）：

$$e_1 = (h_1 - h_0)\left[1 - \frac{T_0}{T_1 - T_0}\ln\frac{T_1}{T_0}\right] \tag{4-51}$$

式中　e_1——进入热泵机组比㶲，kJ/kg；

T_1——进口温度，K；

h_1——进口比焓，kJ/kg。

$$e_2 = (h_2 - h_0)\left[1 - \frac{T_0}{T_2 - T_0}\ln\frac{T_2}{T_0}\right] \tag{4-52}$$

式中　e_2——流出热泵机组比㶲，kJ/kg；

T_2——出口温度，K；

h_2——出口比焓，kJ/kg。

则热泵机组㶲损为：

$$\Delta e = e_1 - e_2 \tag{4-53}$$

选取稳态工况下实验数据，得到各点状态㶲值计算结果，见表4-8。

表 4-8 稳态工况下各点状态㶲值计算结果

状态点	名 称	$t/℃$	$h/\text{kJ} \cdot \text{kg}^{-1}$	$s/\text{kJ} \cdot (\text{kg} \cdot \text{K})^{-1}$	$e/\text{kJ} \cdot \text{kg}^{-1}$
1	热水进口	91.84	384.68	1.21	30.49
2	热水出口	81.16	339.79	1.09	22.39
13	冷（冻）水进口	30.61	128.21	0.44	0.52
14	冷（冻）水出口	23.79	99.71	0.35	-0.05
11	冷却水进口	27.98	117.22	0.41	0.22
12	冷却水出口	35.33	147.94	0.51	1.27

环境温度取 298K。通过计算得到溴化锂吸收式热泵机组各部件的㶲损及㶲损系数，见表4-9。溴化锂吸收式热泵机组各部件㶲损流程如图4-35所示。

表 4-9 稳态工况下各设备㶲损及㶲损系数

设 备	㶲损/$\text{MJ} \cdot \text{h}^{-1}$	㶲损系数/%
发生器	46.98	47.52
冷凝器	10.5	10.62
节流阀	2.0	2.02
蒸发器	3.28	3.32
吸收器	29.1	29.44
溶液换热器	7.0	7.08

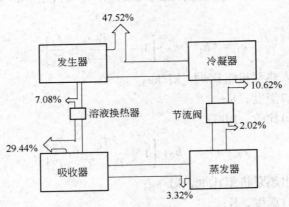

图 4-35 溴化锂吸收式热泵机组各部件㶲损流程

　　由表 4-9 可知，热泵机组各设备中发生器㶲损最大，为 46.98MJ/h，㶲损系数占 47.52%。主要原因是余热与热水之间传热温差大，产生的㶲损较多。解决的措施是尽可能地使用低温余热，减少传热温差。吸收器㶲损较大，其值为 29.1MJ/h，㶲损系数占 29.44%。主要原因是冷却水带走的㶲造成吸收器的㶲损较大。解决的措施是尽可能地充分利用冷却水的热量，减少㶲损。冷凝器㶲损为 10.5MJ/h，㶲损系数占 10.62%。主要原因是制冷剂与冷却水之间的传热温差引起㶲损。解决的措施是提高冷却水流量，减小制冷剂与冷却水之间的传热温差。蒸发器和溶液换热器的㶲损较少，节流阀的㶲损最少，㶲损系数仅为 2.02%，节流阀的㶲损是黏性流体绝热流动过程中因摩擦阻力引起的，绝热节流压力降越大，㶲损越大。因此，减少节流阀㶲损的主要措施是减少节流压力降。综合以上分析，传热温差大是导致㶲损的主要原因，应当尽可能地减少传热温差。由传热学可知，增大传热面积、提高传热系数均可减小传热温差，可采用高翅化系数的螺纹管、采用新型的板式换热器或减小水垢、油垢热阻等措施减少传热温差。

4.4.4　U 型埋管换热器㶲分析

　　地埋管换热器系统由地埋管道泵、垂直 U 型埋管与周围土壤组成。假设环境温度遵循余弦函数变化，地埋管内水为稳流且流量恒定。

　　冷却水由地埋管道泵驱动进入 U 型埋管后与周围土壤交换热量直到流出埋管进入水箱的全过程，地埋管换热器系统获得的㶲[24,25]见式（4-54）：

$$\Delta Ex_{sys} = \Delta Ex_h + \Delta Ex_{wp} \tag{4-54}$$

　　ΔEx_h 是水在 U 型埋管内流动时与周围土壤之间换热获得的㶲，在夏季表现为冷量㶲，冬季表现为热量㶲。

$$\Delta Ex_h = Mc_p \left(T_f - T_0 - T_0 \ln \frac{T_f}{T_0} \right) + Mv(p - p_0) \tag{4-55}$$

式中　p——水的压力，kPa；

　　　v——水的比体积，m^3/kg；

　　　c_p——水的比定压热容，$J/(kg \cdot K)$；

　　　M——水的质量流量，kg/s。

　　地埋管道泵的耗功使系统获得的净㶲减小，对于地埋管换热器系统 ΔEx_{wp} 表现为负值。为了使理论分析具有一般性，假设地埋管道泵使水压力㶲的增加量恰好等于由于克服地埋管换热器的流动阻力所消耗的㶲[26]。因此，ΔEx_{wp} 反映水进入 U 型埋管与离开 U 型埋管全过程的压力㶲损。水泵功率取决于扬程 P 和流量 M，而扬程与管道阻力成正比。假设地埋管道泵提供的扬程恰好等于水克服的流动阻力，即地埋管进出口处水的压差为零。此时，水泵的耗功在数量上等于在地埋管进出口水的机械㶲之差：

$$\Delta Ex_{wp} = W_{pump} = f(P, m) = Mv(p - p_0) \tag{4-56}$$

因此，地埋管换热器系统的㶲净增量表示为：

$$\Delta Ex_{sys} = \Delta Ex_h - W_{pump} = Mc_p(T'_f - T''_f - T_0 \ln \frac{T'_f}{T''_f}) \tag{4-57}$$

系统获得㶲的净增量以水泵耗功为代价，㶲增量本身并不能恰当地反映地埋管换热器收益与支出的对比关系。㶲效比可以反映从热源得到的净㶲与消耗电能的相对大小。㶲效比见式（4-58）。

$$\varepsilon = \frac{\Delta Ex_{sys}}{W_{pump}} \tag{4-58}$$

参 考 文 献

［1］郁永章. 热泵原理与应用［M］. 北京：机械工业出版社，1993.

［2］苏晓群，林贵平，袁修干. 低温热源驱动的氨-水吸收式制冷循环分析［J］. 太阳能学报，1998，19（3）：314~321.

［3］肖永勤，孟玲燕，梁刚强，等. 关于在吸收式空调领域内实现节能减排的研究［J］. 制冷与空调，2009，9（4）：91~97.

［4］R. Chargui, H. Sammouda, A. Farhat. Geothermal heat pump in heating mode：modeling and simulation on TRNSYS［J］. International Journal of Refrigeration, 2012, 35（7）：1824~1832.

［5］林丽，郑秀华，詹美萍. 地热能利用现状及发展前景［J］. 资源与产业，2006，8（3）：20~23.

［6］薛永明. 深层地热水热泵空调系统的可行性及关键技术研究［D］. 济南：山东建筑大学，2009.

［7］王侃宏，李永，侯立泉，等. 太阳能-土壤复合式地源热泵供暖的实验研究［J］. 暖通空调，2008，38（2）：13~17.

［8］卜其辉. 太阳能-空气源双源一体式热泵系统研究［D］. 广州：广东工业大学，2011.

［9］易勇兵. 太阳能水源热泵复合系统运行特性研究［D］. 长沙：湖南大学，2009.

［10］张华，朱跃钊，廖传华，等. 太阳能与生物质能耦合供能系统的应用研究［J］. 制冷技术，2010，38（9）：57~60.

［11］Zhao Bin, Wen Zhimei, Zhong Xiaohui, et al. Orthogonal experimental research on sintering cooler transfer performance［C］. ICEESD, 2013, 614~615：291~295.

［12］赵斌，温志梅，钟晓晖，等. 烧结矿显热分级回收实验研究［J］. 热能动力工程，2012，27（5）：596~599.

［13］Zhong Xiaohui, Wen Zhimei, Zhao Bin, et al. Experimental study on absorption heat pump of waste heat and ground source［C］. CBCME, 2013, 641~642：73~76.

［14］钟晓晖，温志梅，赵斌，等．余热-地热源吸收式热泵实验研究［J］．流体机械，2013，32（10）：＊32~36.

［15］区正源，刘忠诚，肖小儿．土壤源热泵空调系统设计及施工指南［M］．北京：机械工业出版社，2011.

［16］钟晓晖，温志梅，赵斌，等．余热-地热源吸收式热泵U型埋管数值模拟［J］．暖通空调，2013，43（10）：105~108.

［17］GB 50366—2009，地源热泵系统工程技术规范［S］.

［18］王洪利，田景瑞，马一太，等．地源热泵U型垂直埋管传热特性的研究［J］．流体机械，2010，38（8）：66~72.

［19］康龙．地源热泵U形埋管换热的数值模拟及优化研究［D］．武汉：华中科技大学，2007.

［20］郭涛．地源热泵系统垂直U型地埋管换热器的实验与数值模拟研究［D］．重庆：重庆大学，2008.

［21］陈华清．垂直U型埋地换热器传热性能及其周围土壤温度场分析［D］．上海：东华大学，2008.

［22］张昌．热泵技术与应用［M］．北京：机械工业出版社，2008.

［23］金苏敏，万绵康，胡朝阳．废热溴化锂制冷机的㶲分析［J］．流体机械，1995，23（10）：57~59.

［24］Lei Fei, Hu Pingfang. Energy and exergy analysis of a ground water heat pump system［J］. Physics Procedia, 2012, 24（Part A）：169~175.

［25］Moonis R Ally, Jeffrey D Munk, Van D Baxter. Exergy analysis and operational efficiency of a horizontal ground-source heat pump system operated in a low-energy test house under simulated occupancy conditions［J］. International Journal of Refrigeration, 2012, 35（4）：1092~1103.

［26］陈雁，戴传山，赵军．地埋管地源热泵系统源侧㶲分析［J］．天津大学学报，2009，42（7）：567~573.

5 吸收式热泵在工业余热回收利用中的应用研究

5.1 研究背景及现状

5.1.1 研究背景

能源是我国国民经济迅速发展的支柱，近几年我国社会一直处在快速发展过程中，快速发展的背后是巨大的能耗问题。在对冷量和热量需求日益攀升的今天，能源供应紧张、环境恶化逐渐引起人们的注意。目前，我国已把节能作为加大可持续发展的基本政策，并鼓励发展循环经济。为顺应时代潮流，顺应国家政策导向，作为行业从业人员，在营造人们健康生活及舒适居住的前提下，深入开展节能工作，尽其所能地发展可再生能源，利用可再生能源来降低建筑能耗，坚持可持续发展、节约资源和开辟新能源的政策并行前进，建立良好环境显得非常重要。

目前，北方地区的供热主要采用热电联产集中供热形式，而随着城市化进程的不断加快，供热需求不断加快，一些大中型城市普遍存在热源不能满足供热需求的问题，发展小型燃煤锅炉房会导致严重污染环境，而新建大型热源受投资周期、建设周期的限制，并要考虑环境污染等问题[1]。城市周围的发电厂在发电时，汽轮机排出的低温乏汽进入凝汽器，电厂循环冷却水在凝汽器中吸收大量的汽化潜热，将热量携带至冷却塔中排放。数量庞大的废热能量占到机组额定供热能力的30%以上，如此排放到环境中，无疑会造成能源的浪费。如果将这部分余热加以利用应用到供热中去，不仅减少了供热系统的冷源损失，而且解决了城镇发展中的"需热"问题。

由于汽轮机乏汽所携带的汽化潜热具有量大、集中的特点，且吸收这些余热的电厂循环水温度较低；约为30℃左右，导致汽轮机乏汽的余热能不能直接应用。对热泵机组而言，电厂的低温循环水恰恰可以作为低位热源，在理论上可以获得非常高的能源利用效率，并且可以根据需热量灵活调节供热量，同时不会对电厂原热力系统产生不利影响。

目前，能源供应紧张、能耗需求量大的矛盾日益增长，寻找新型节约能源的方式是缓解社会能源压力，保护生存环境的有效方式。电厂汽轮机乏汽余热能的提质利用是一种有效利用可再生能源的方式，将低温余热应用于建筑耗能，为电力事业和供热事业提供支持。研究的意义不仅仅是提出了一种可再生能源利用的方式，更对汽轮机乏汽汽化潜热的回收和应用起到一定的辅助作用，在现代化发展的今天，更加显得重要。

5.1.2　吸收式热泵回收余热技术

　　工业生产会排放大量气体和热水，而这些排放物中蕴含着丰富的低温热能，气体与热水的排放，造成很大的环境和能源问题。全球能源枯竭和环境污染问题突出得越来越明显，世界各国对余热资源的利用逐渐重视起来，同时应用于余热回收的吸收式热泵设备也日益引起人们的重视。吸收式热泵根据热源品位之间的转化关系，可以分为第一类热泵和第二类热泵，其能量与温度转换图如图 5-1 所示。

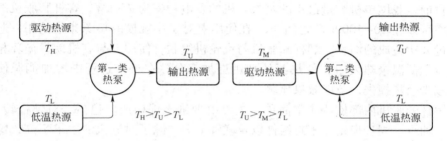

图 5-1　吸收式热泵能量及温度转换

　　以溴化锂吸收式热泵为例，可分为废水型溴化锂吸收式机组、废蒸汽型溴化锂吸收式制冷机组、溴化锂吸收式热泵和烟气型溴化锂吸收式机组，针对不同的余热资源可以选用相应的余热回收机组，采用相应的余热回收技术。

　　电厂、化工厂等的生产过程通常会附带产生大量的各种温度的废水，这些废水的数量庞大，如果直接将其排入自然环境，会对自然环境造成热污染，影响环境热平衡。将废水接入溴化锂吸收式机组中，不但避免了上述污染，还能变废为宝，充分利用废水中的热能用作他途，同时将原废水的温度降低，减少环境影响。废蒸汽同样能够利用。根据排出的蒸气压力不同，可以选用单效机或者双效机，余热用作供冷或者供热工程中。

　　溴化锂吸收式热泵是以水为制冷剂，溴化锂溶液为吸收剂，应用溶液的蒸发、吸收来实现将热量的转换。烟气型溴化锂吸收式机组有单效机、双效机、热水机和直燃机，这一类型的吸收式热泵机组可以直接利用燃汽轮机排放的高温烟气，以吸收式制冷原理为基础，回收高温烟气进行供冷和供热，并可以和发电机组一同应用实现多联供，即热、电、冷三联产，既可回收烟气的余热，降低能源消耗，又可控制烟气排放，减少污染[2,3]。

5.1.3 螺杆膨胀机回收低温余热技术

螺杆膨胀机是一种新型回收余热能源进行发电的装置，非常适应用于低温余热的回收发电工程。由于机组本身的膨胀能力有限，在进行余热回收发电的过程中，对余热温度的限制比较严格。对于70~80℃以上的热水热液、80℃以上的蒸汽和180℃以上的烟气使用效果良好。由于螺杆膨胀机本身具有安装方便、运行操作简单和不怕结垢的特点，更在后期维护方面不需投入大量人力、物力，这些优势使得螺杆膨胀机的应用范围很广。汽轮机在运行时只能消耗过热蒸汽和饱和蒸汽，而螺杆膨胀机由于自身结构比较特殊，对于进汽的要求很低，进汽可以是过热蒸汽、饱和蒸汽、汽液两相，甚至热水在无相变情况下也可以用来发电；机组运行平稳、原理简单，在外界影响因素不断变化时，依然可以获得很高的效率。目前，我国单机容量最小的蒸汽轮机的发电功率为750kW，螺杆膨胀机的单台功率可以在10~1000kW之间[4]，在使用上对于小规模的热源非常试用，避免容量过大所造成的浪费。螺杆膨胀机与汽轮机组联合使用，与有机朗肯循环相结合，应用低温余热发电，使热源的利用更加充分，在整个过程中增加能源使用率，减少余热损失，节能效果显著。

螺杆膨胀机内部构造非常简单，主要由少量零件构成，包括一对螺杆转子、缸体、轴承、同步齿轮、密封组件以及联轴节等。除了对进汽的要求不高，螺杆膨胀机对工质清洁度的要求也一般。根据所需回收余热的温度和状态不同，螺杆膨胀机余热回收系统可分为单循环回收系统和双循环回收系统。单循环系统是直接将热水接入膨胀机进行发电，系统简单、易操作，但需要严格的热源温度要求。双循环系统主要通过有机工质的循环，实现吸热放热，使系统达到余热回收的目的，其系统原理如图5-2所示。不同有机工质在各方面的特性有着很大差异，尤其在化学性能方面对传热性的影响很大。经常选用的工质有R123、R245fa、R152a、氯乙烷、丙烷、正丁烷、异丁烷等。在对系统的有机工质进行选择时，应根据实际情况选择合适的工质[5]，不同工质的选择会导致系统效率有很大偏差。一般来讲，在相同条件下，有以下基本要求：

（1）发电能力优良，每吨工质的实际发电量大于其他工质；

（2）传热能力优良，换热系数相对较大；

（3）工质的饱和压力低，并且在冷源温度下，不会出现真空度过高的现象；

（4）来源丰富，价格低廉；

（5）选择化学性能比较好的工质，如比较稳定，不分解，并对金属的腐蚀性小，自身无毒或毒性较小，不易燃易爆。

螺杆膨胀机属于容积式膨胀机，单台的发电功率不大，对于200℃左右的热源，机组发电时的热功转化效率约为15%，如果热源品质相对较低，热功转化效

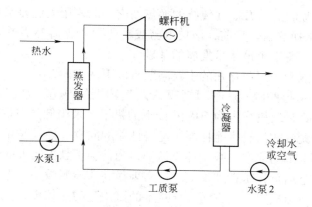

图 5-2 螺杆膨胀机双循环余热回收系统

率为 8%~13%。系统对外输出机械能与低温热源所含热能之比称为系统的热功转化效率，热功转化效率与多方面因素有关，如热源质量、换热器换热效率、膨胀机内效率、泵及管路损耗等。研究表明，对于螺杆膨胀机系统热源温度越高，流量压力等越稳定，热功转化效率越高。螺杆膨胀机在余热回收领域异军突起，以极快的发展速度占领市场，是余热回收的重要途径之一，其所使用的余热发电技术也是国家大力发展扶持的项目。

5.1.4 汽轮机余热能利用现状

汽轮机的乏汽余热指汽轮机做功后的乏汽所携带的大量汽化潜热，而电厂循环水在凝汽器中经换热将大量汽化潜热带到冷却塔中释放。现阶段，对汽轮机乏汽余热的研究已经引起人们注意，得到普遍重视。

目前阶段，对于汽轮机乏汽所携带的低位热能，回收后主要用于集中供热方面。对汽轮机排汽余热的回收主要有两种方式：低真空供热技术和热泵回收技术。汽轮机低真空运行实际是一种特殊的变工况运行。它指在保证机组安全运行的允许范围内，提高汽轮机排汽温度，利用排汽直接将循环水加热供给热用户。而热泵回收技术是指应用热泵将低品位循环水提高品质再加以利用[6]。

由于采用循环水供热可以提高供热能力，达到节能效果。自 1970 年以来，中国开始逐步将北方电厂部分容量不超过 50MW 汽轮机改造成低真空运行供热。2001，国家经济贸易委员会、国家发展计划委员会、建设部共同发布的《热电联产项目可行性研究科技规定》明确指出："在有条件的地区，在采暖期间可考虑抽凝机组的真空运行，循环水供热采暖的方案，在非采暖期恢复常规运行"。

目前，我国已在广泛应用热泵制冷和供热，尤其是在供热方面，清华大学的"基于吸收式循环的热电联产集中供热新技术"示范项目已经建立。该技术需要在热电厂内增加吸收式热泵。在传统的换热站内，同样用大温差吸收式热泵机组替代普通的水-水换热器。目前，该技术已成功应用于赤峰富龙热电公司、华电大同第一热电厂，奠定了该技术发展的基础。

汽轮机余热能利用当前存在的主要问题有以下两方面：

（1）低真空运行的缺点。通过对凝汽式汽轮机的改造，推广汽轮机低真空供热的技术，尤其是装机容量为 50MW 以下的机组。采用低真空供热技术，解决了目前国内小型凝汽式汽轮机能耗高、经济性差的问题。该项技术提高了电厂能源的综合利用率，节约成本，减少环境污染，为社会贡献出巨大的经济效益。

汽轮机低真空运行技术在理论上可以实现很高的能源效率，但传统的低真空运行技术仍存在一定缺点：一方面，该技术的试用范围比较窄，只可应用于中小型机组，对于大容量、高参数的供热机组并不适合。对于中小型机组，通过严格的变工况计算之后，可以对汽轮机做出相应的结构改造。但凝汽压力的提高使得汽轮机的末级抽汽温度相应提高。对于大型机组，蒸汽的容积流量过小将引起机组机身振动，无法正常安全运行，对于中间再热型机组尤甚。另一方面，真空度降低，有效焓降变小。在蒸汽量恒定的前提下，发电量将降低；在发电量恒定的前提下，机组的蒸汽流量将增大[7]。

以上两方面在一定程度上限制了低真空供热技术的使用，除以上两方面缺点外，受凝汽器承压能力的限制，供热系统定压点压力不能过高。通常采用供/回水温度为 60℃/50℃ 的供热方式，此种方式温差小、流量大，容易造成循环泵功率偏大。另外，低真空循环水供热系统为定流量系统，不利于计量供热的实施。

（2）热泵应用的局限性。热泵技术应用在集中供热领域，具有很强的局限性，对于汽轮机纯凝工况下运行，吸收式热泵需停止运行，汽轮机乏汽的余热能量依然排放到冷却塔中进行放热，在不同季节时使用存在着一定的局限性。

第一类吸收式热泵是以高温能源为驱动热源，将低温热能转变为高温热源的装置，驱动热源可以是高温蒸汽，也可以是燃油、燃气。国家发明专利"一种热电厂余热回收及热水梯级加热供热方法（ZL200910090917.4）"中提出利用蒸汽吸收式热泵将水温提高到 120~130℃ 用于供热；国家发明专利"一种多级发生的吸收式热泵、制冷机组（ZL200910092464.9）"中所描述的吸收式热泵可利用较低温度的热源驱动热泵进行制冷。两个专利实现了低温乏汽的供热和制冷，但由于受到地点和季节性的影响，电厂低温乏汽余热利用小时数不足 3600h。

在制造和使用上，吸收式热泵对气密性要求很高，即使漏入微量的空气也会影响机组的性能，所以在制造上有严格的要求。并且机组受环境温度的影响十分明显，在使用过程中对使用环境十分挑剔。因常用的吸收式热泵是以溴化锂-水作为工质对，溴化锂价格较贵，在机组制造过程中需要很大的填充量，造成初投资相对较高。

5.2　吸收式热泵热力学过程模拟分析

5.2.1　模拟概述

当今社会，科技发展迅速，各种工具和手段应用在不同行业及不同领域，计算机模拟技术也成为主要工具之一，为科学研究作出巨大贡献。通过模拟，人们可以应用计算机对猜想的事物进行研究，其结果给人们带来巨大启迪，往往是通往成功大门的基石。模拟是对研究对象进行合理的简化、假定，按照模型进行分析而得出的数学或物理结论。模型通常是非常复杂的数学表达式，手工计算费时费力，计算机的模拟过程为模型与客观实际搭建桥梁，通过编程大大提高计算效率与结果的正确性。

本节研究对象是第一类单效溴化锂吸收式热泵。以制热为目的，第一类热泵主要是消耗大量低温热源，利用一小部分高温热源进行驱动，产生少量中温热源。进行该模拟的目的一是对系统内部相互作用有比较详细的理解；二是验证可以以汽轮机二段抽汽作为驱动热源，在汽轮机乏汽余热回收的工作中应用吸收式热泵，并可以模拟出特殊工况的热力过程，对其进行理论分析与研究。模拟过程将系统划分为不同单元模块，通过建立质量平衡方程、能量平衡方程、溴化锂溶液热物理性估算方程等将问题求解。

吸收式热泵技术已经有 $10\sim20$ 年的应用实例，其可靠性和稳定性是值得信赖的。目前，第一类吸收式热泵比第二类吸收式热泵应用得多，这主要是因为用户的条件和要求必须与第二类吸收式热泵的功能相符，才能收到良好的节能效果。溴化锂水溶液的特性又在一定程度上限制了溴化锂吸收式热泵的应用范围。然而，对于那些具备热源条件的场合，采用吸收式热泵必将提高能源的利用效率，获得良好的节能效果和经济效益。

溴化锂吸收式热泵机组的基本工作过程是由发生段、冷凝段、蒸发段和吸收段几个基本过程构成，其基本组成部件就是若干个的换热器。下面以单效溴化锂吸收式热泵为例，对其系统内部的循环做出分析，依托数学模拟手段，阐述第一类吸收式热泵能效利用的过程[8]。

5.2.2　数学模型建立

5.2.2.1　模型的简化假定

在数学模型建立的过程中，由于参数较多和系统的不稳定性，造成模拟过程过于复杂，为了简化计算，通常采用参数简化的方法。在计算之前，明确要研究系统的工况，为得到关心的参数结果而假定一些参数不变。用这种方式对系统进行简化。下面以吸收式热泵内部工质循环状态为研究对象，研究不同参数会对 *COP* 引起何种变化的模拟过程中，对系统进行简化处理，并假定下列条件成立：

（1）系统处于热平衡及稳定流动状态；

（2）离开蒸发器，冷凝器、吸收器和发生器的工质均为饱和态；

（3）阻力损失、热损失、压力损失及泵功均可忽略。

模型的简化假定只是一种研究手段，假设模拟系统是在理想情况下运行的，在实际运行中的情况是不能达到理想状态的。但由于系统比较复杂，变化过程较多，在研究时只好采取此种手段。

5.2.2.2 模型建立

吸收式热泵根据功能不同，可以分为升热型、蓄热型、增热型和冷冻型。吸收式循环和压缩式循环在工作原理上基本是相似的，差别在于：压缩式转移热能依靠的是机械能或者电能，吸收式消耗的是一部分热能。其工作原理如图 5-3 所示。

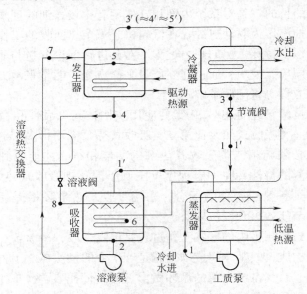

图 5-3 溴化锂吸收式热泵工作原理

在吸收式热泵内部工质循环中，工质对在发生器中从高温热源吸收热量，即发生器热负荷 Q_g；在蒸发器中从低温热源中吸收热量，即蒸发器热负荷 Q_0；在吸收器和冷凝器中分别为向外界环境释放热量的过程，分别是吸收器热负荷 Q_a、冷凝器热负荷 Q_k。而溶液泵只是提供输送溶液时克服管路阻力和重力位差所需的动力，消耗的机械能很小，可忽略不计[9,10]。热泵工质对的吸热放热过程满足下式中的热平衡：

$$Q_g + Q_0 = Q_a + Q_k$$

对于第一类吸收式热泵，机组的能耗是一个重要的性能指标。在理想状态下，忽略系统与周围环境热交换等带给系统的热量，设吸收式热泵中工质的循环流量为 $D = 1\text{kg/s}$。在循环过程中，系统存在下列平衡，式（5-1）主要验证单位质量流量情况下吸收式热泵的内部各个设备间的热平衡，蒸发器与发生器的热量与冷凝器和吸收器的热量相等。

$$q_g + q_0 = q_a + q_k \tag{5-1}$$

根据图 5-3 所表示的各点位置，存在下列能量方程，可以计算出单体设备的热负荷和性能系数。

（1）蒸发器：

$$q_0 = h_{1'} - h_3 \tag{5-2}$$

（2）发生器：

$$q_g = (a - 1)h_4 + h_{3'} - ah_7 \tag{5-3}$$

（3）冷凝器：

$$q_k = h_{3'} - h_3 \tag{5-4}$$

（4）吸收器：

$$q_a = (a - 1)h_8 + h_{1'} - ah_2 \tag{5-5}$$

（5）溶液热交换器：

$$q_{ex} = (a - 1)(h_4 - h_8) \tag{5-6}$$

（6）性能系数：

$$COP = \frac{q_k + q_a}{q_g} \tag{5-7}$$

（7）循环倍率：

$$a = \frac{\zeta_2}{\zeta_2 - \zeta_1} \tag{5-8}$$

溶液循环倍率即发生器中每产生 1kg 水蒸气所需要的溴化锂稀溶液的循环量。

（8）放气范围：

$$\Delta\zeta = \zeta_2 - \zeta_1 \tag{5-9}$$

（9）平均浓度：

$$\zeta_v = \frac{\zeta_1 + \zeta_2}{2} \tag{5-10}$$

式中　q_0——单位工质循环时蒸发器中热负荷，kW；

　　　q_g——单位工质循环时发生器中热负荷，kW；

　　　q_k——单位工质循环时冷凝器中热负荷，kW；

q_a——单位工质循环时吸收器中热负荷，kW；

q_{ex}——溶液热交换器中交换的热负荷，kW；

$h_{1'}$——$1'$点对应的焓值，kJ/kg；

h_2——2点对应的焓值，kJ/kg；

$h_{3'}$——$3'$点对应的焓值，kJ/kg；

h_3——3点对应的焓值，kJ/kg；

h_4——4点对应的焓值，kJ/kg；

h_7——7点对应的焓值，kJ/kg；

h_8——8点对应的焓值，kJ/kg；

ζ_1——发生器浓溶液浓度,%；

ζ_2——吸收器吸收终了稀溶液浓度,%；

a——循环倍率。

5.2.3　热力学过程模拟计算

5.2.3.1　系统参数确定

吸收式热泵按照制热目的不同，可以分为两类：第一类和第二类吸收式热泵，且常用溴化锂-水为工质对。在利用应用软件编制程序前，首先要确定溴化锂工质对热物性[11~18]。

（1）饱和蒸气压力：

$$\lg(1.33 \times 10^{-13} p) = 31.46559 - 8.2\lg T' - \frac{3142.305}{T'} + 0.0024804 T'$$

(5-11)

式中　T'——压力为p时，水的饱和温度，K；

p——温度为T'时，水的饱和蒸气压力，kPa。

（2）溶液的露点温度：

$$t = t' \sum_0^3 A_n x^n + \sum_0^3 B_n x^n$$

(5-12)

式中　t——压力为p时，溶液的饱和温度,℃；

t'——压力为p时，水的饱和温度，或称露点,℃；

x——100kg溴化锂水溶液中含有溴化锂的千克数；

A_n，B_n——回归系数，参见表5-1。

方程式（5-12）的适用范围为45% < x <65%，在利用方程式（5-12）时，

需要根据式（5-11）先把已知蒸气压力 p 换算为露点温度 t'。

表 5-1　饱和温度方程的回归系数

n	A_n	B_n
0	0.770033	140.877
1	1.45455×10^{-2}	-8.55749
2	-2.63906×10^{-4}	0.16709
3	2.27609×10^{-6}	-8.82641×10^{-4}

（3）溶液的焓值：

$$h_0 = \sum_0^4 A_n x^n + t_1 \sum_0^4 B_n x^n + t_1{}^2 \sum_0^4 C_n x^n \tag{5-13}$$

式中　h_0——溴化锂溶液的焓值，kJ/kg；

$\quad\quad t_1$——溴化锂溶液的温度，℃；

A_n, B_n, C_n——回归系数，参见表 5-2。

表 5-2　溴化锂水溶液焓值计算方程的回归系数

n	A_n	B_n	C_n
0	-121.189	0.671458	1.23744E-3
1	16.7809	1.01548E-2	-7.74557E-5
2	-0.517766	5.41941E-4	1.94305E-6
3	6.34755E-3	6.82514E-6	6.52880E-11
4	-2.60914E-4	-2.80048E-8	6.52880E-11

根据方程式（5-13）可计算得到 2、4、8 点的焓值，并可根据公式 $h_7 = (h_4 - h_8) \dfrac{\zeta_1}{\zeta_2} + h_2$ 计算 7 点焓值。

（4）饱和水或水蒸气的焓值：

$$h = h'' + 4.184 \times [c_p(t_2 - t'_0)] \tag{5-14}$$

$$h'' = h' + r \tag{5-15}$$

$$h' = 4.184 \times (t'_0 + 100) \tag{5-16}$$

$$r = 4.184 \times (597.34 - 0.555 t'_0 - 0.2389 \times 10^y) \tag{5-17}$$

$$y = 5.1463 - \frac{1540}{t'_0 + 273.16} \tag{5-18}$$

式中　t'_0——压力为 p 时，饱和水蒸气的温度，℃；

$\quad\quad t_2$——过热水蒸气的温度（等于压力 p 时溶液的平衡温度），℃；

$\quad\quad h$——温度为 t_2 时，过热水蒸气的焓，kJ/kg；

$\quad\quad h'$——温度为 t'_0 时，饱和水的焓，kJ/kg；

$\quad\quad h''$——温度为 t'' 时，饱和水蒸气的焓，kJ/kg；

R——温度为 t'_0 时，饱和水的汽化潜热，kJ/kg；

c_p——过热水蒸气 t'_0 到 t_2 的平均比定压热容。

溴化锂水溶液汽态为纯水蒸气。基于溶液在平衡态时汽液同温的特性和溴化锂水溶液沸点高于纯水沸点的原因，该水蒸气存在极大的过热度。溴化锂水溶液表面上的汽态焓值 h'_3（$\approx h'_4 \approx h'_5$）采用过热水蒸气焓值公式来计算。

5.2.3.2 热力计算

已知驱动热源温度 t_h、低温冷媒水温度 t_c 和循环冷却水温度 t_w，根据经验公式确定蒸发温度 t_0、冷凝温度 t_k、吸收器溶液最低温度 t_2 和发生器溶液最高温度 t_4，以及溶液热交换器浓溶液出口温度 t_8。

溴化锂水溶液的性质及经验公式，可绘制出热力计算图框，如图 5-4 所示。根据图 5-4 应用 Matlab 编制了计算机应用程序，并且可以更改工况条件进行重复计算。

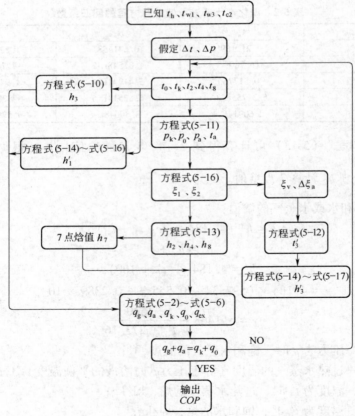

图 5-4 热力计算流程

5.2.4　结果分析

研究过程中，要分析的四个参数为驱动热源温度、冷源水出口温度、冷却水进口温度、冷却水出口温度[19]。

5.2.4.1　驱动热源温度

汽轮机低压级抽汽的各种参数变化较大，在研究中选取 144～164℃的抽汽温度作为参数变化范围。在此过程中，设除抽汽温度以外的各参数保持不变，在过程中设热泵低温循环水出口温度为 30℃，一次网冷却水进/出口温度为 50℃/75℃。从图 5-5 可以看出，随着驱动热源温度不断增高，系统 COP 迅速增加，在 COP 达到某一定值时，上升趋势不再明显，并温度变化的幅度不大，曲线十分平缓。经分析可知，驱动热源温度上升时，对应的饱和温度增加，当冷凝压力处于一定的条件下，放气范围 $\Delta\xi$ 受热泵机组发生器内溴化锂浓溶液浓度的影响，浓溶液浓度增加会引起放气范围 $\Delta\xi$ 的增大，并且使高温水蒸气的产生量增加。虽然驱动热源的温度影响着机组的性能系数，使机组性能系数随驱动热源温度的增加而增大，但是当驱动热源达到 170℃时，机组的 COP 曲线十分平缓，变化不明显，所以过高的驱动热源于机组也是不利的。在实际应用中，如果驱动热源温度过高，还会应用减温减压器使其降低温度。驱动热源温度对 COP 的影响如图 5-5所示。

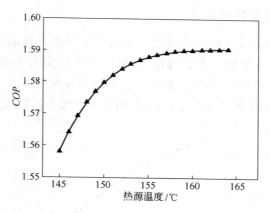

图 5-5　驱动热源温度对 COP 的影响

5.2.4.2　冷源水出口温度

电厂低温循环水的温度变化不仅要考虑到对汽轮机背压的影响，也要考虑到对热泵效率的影响。热泵系统的蒸发压力取决于蒸发器的出口温度，在研究中选取低温循环水出口温度在 26~36℃ 范围内变化，设除低温循环水出口温度以外的各参数保持不变，并设驱动热源温度为 144℃，一次网冷却水进/出口温度为 50℃/75℃。冷源水出口温度对 COP 的影响如图 5-6 所示。

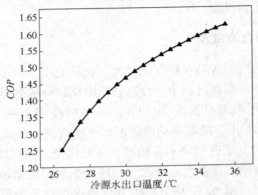

图 5-6 冷源水出口温度对 COP 的影响

从图 5-6 中可以看出，系统性能系数 COP 随低温循环水出口温度的升高而不断增大，变化趋势十分明显，以线性关系几乎成直线上升。在过程中低温循环水出口温度升高时，相应的蒸发压力会增大，放气范围 $\Delta\xi$ 随吸收器内浓溶液吸收水蒸气能力增强而增大，最终使 COP 升高。

5.2.4.3 冷却水进口温度

冷却水进/出口温度变化对热泵性能也会产生影响，选取冷却水进口温度参数在 45~55℃ 范围内变化，出口温度为 75℃（出口温度参数变化范围为 70~80℃，进口温度为 50℃）。研究过程中，设低温循环水出口温度为 30℃、驱动热源温度为 144℃。冷却水进口温度对 COP 的影响如图 5-7 所示。从图 5-7 中可以

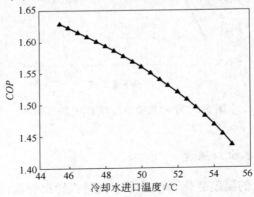

图 5-7 冷却水进口温度对 COP 的影响

看出，热力系数 *COP* 随冷却水进口温度升高而快速下降，并且下降趋势十分明显，几乎呈成直线。冷却水进口温度的升高引起吸收器稀溶液出口温度也随之升高，在蒸发压力一定的条件下，高温水蒸气的产生量随放气范围 $\Delta\zeta$ 减小而减少，最终引起 *COP* 下降。

5.2.4.4　冷却水出口温度

在研究冷却水出口温度对机组性能系数产生的影响时，选取冷却水出口温度参数在 70～80℃ 范围内变化，进口温度为 50℃。其余假设条件与研究冷却水进口温度时相同，结果如图 5-8 所示。从图 5-8 中可以看出，热力系数 *COP* 与冷却水出水温度的关系和与冷却水进水温度的关系相似，冷却水出水温度导致热力系数 *COP* 快速下降。研究发现，冷凝压力受冷却水出口温度的影响，随出口温度的升高而增加，而在驱动蒸气压力一定的情况下，溴化锂浓溶液质量分数下降造成 $\Delta\zeta$ 减小，最终使 *COP* 下降。

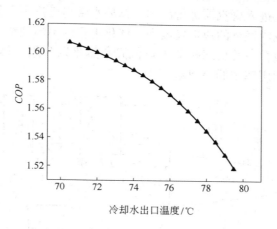

图 5-8　冷却水出口温度对 *COP* 的影响

5.3　热电联产集中供热三种方式对比分析

建筑节能在我国节能减排全局中占据重要地位，而北方城镇供热是我国建筑能耗最大的组成部分。热电联产集中供热是北方城镇供热的主要方式，热电联产具有节约能源、改善环境、提高供热质量、增加电力供应等综合效益，是解决城市集中供热的有效途径。根据供热形式的不同，热电联产集中供热可分为三种方式。传统的供热方式是以汽轮机低压抽汽作为供热汽源。研究表明，利用热泵回收汽轮机乏汽潜热，使得汽轮机乏汽同样可以作为热电联产的供热汽源。

5.3.1　集中供热三种方式概述

5.3.1.1　抽汽供热

在人们日常生活中最常使用的两种能源是热能与电能，热能与电能之间又存在转化关系，非常密切。两者联合生产是国家首要推行的节能技术项目。热电联供又称为热电联产，简称 CHP，指热电厂在向用户输出电能的同时，采取科学的手段也向用户输出热能。在现代的技术水平条件下，热电联产是最经济有效利用燃料的方法之一。在热电联产过程中，电厂中使用的一般是大型高效的锅炉，燃料先送入锅炉燃烧，产生高温高压的蒸汽进入汽轮机做功，然后再作为供暖蒸汽输送给热用户。热电联产是对能源的一种梯度利用方式，有较高的能源利用率。

目前，传统的抽汽供热方式是我国供热的主要方式，其系统流程如图 5-9 所示。抽汽供热以汽轮机低压抽汽作为供热的热源进入汽-水换热器加热二次网的回水，其低温乏汽进入凝汽器进行冷却，循环水带走乏汽中大量汽化潜热到冷却塔中放散。随着我国经济的快速发展和城镇化进程的不断加快，现阶段热电联产集中供热的方式也存在着机组排放大量低温余热难以利用、热网输送能力不够、热源和热网夏季利用率较低等问题[20]。

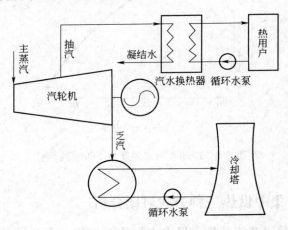

图 5-9　抽汽供热系统流程

以区域燃煤锅炉房作为供热热源的集中供热方式是当前东北、华北各大中城市最主要的供热方式，燃煤锅炉房煤炭消耗量较大，对环境的污染也很大。随着国家不断进步，经济水平不断提高，对环境污染和能源消耗的控制力度也逐渐加强。如今，北京部分地区已将燃煤锅炉房改为燃气或燃油锅炉房，但也极大地增加了供热成本。今后的发展中，在华北的大城市中分散独立的燃煤锅炉房将被逐步取消。

5.3.1.2 低真空供热

对于大型汽轮机组，电厂循环水在凝汽器进口处所允许的最高温度一般在33℃左右，而对应的出口温度不超过45℃，此种温度水平恰好能够满足某些高效散热器（如地板辐射采暖）的温度要求。低真空运行低温供热系统在保持机组排汽压力不超过设计值的情况下，破坏机组真空度，将汽轮机排汽的温度提高，将40℃左右的循环水直接给采用地板辐射采暖系统的热用户供热，其系统流程如图 5-10 所示。低真空供热仅适用于中小型机组，且在主蒸汽输入量不变的情况下，供热量增加必然导致发电量的减少[21]。

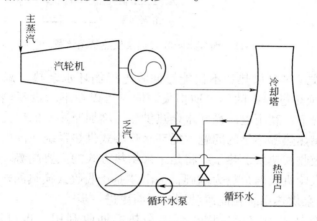

图 5-10 低真空供热系统流程

低真空供热降低燃料的燃烧，减少 SO_2 的排放，改善城市环境，有利于提高生活品质。热网循环水采用的是化学处理过的软化水，水的硬度很低，相对以前循环水的状态，其品质有很大提高，从而很少结垢。机组低真空运行，循环水吸收汽轮机低温乏汽的汽化潜热直接供给热用户，减少了循环水的蒸发量，本机的循环水泵可以作为其他机组的备用泵使用，使整个系统的稳定性增加。

5.3.1.3 热泵供热

热泵的供热方式主要指应用吸收式热泵进行供热，应用循环水吸收式热泵是以回收电厂汽轮机乏汽的汽化潜热为目的，将低温余热提高品位进行供热。吸收式热泵机组集中设置在电厂内部，凝汽器出口的循环水进入吸收式热泵的蒸发器进行低温热的释放，再返回凝汽器吸收汽轮机乏汽的汽化潜热，完成循环；同时，二次网回水进入吸收式热泵的吸收器吸收循环水释放的低温热，再进冷凝器被逐级加热升温后，送入城市热网。其系统流程图如图 5-11 所示。

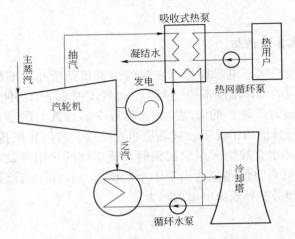

图 5-11   循环水吸收式热泵供热系统流程

循环水吸收式热泵供热，不仅能够回收电厂循环水余热，减少汽轮机抽汽量，降低汽-水换热过程中的不可逆损失。同时可以在不增设新热源、不增加污染物排放的情况下，利用电厂循环水余热供热，增加原热源的出力，来解决目前热电联产集中供热热源不足的问题。循环水吸收式供热系统在国内的应用案例不多，但循环水吸收式热泵供热系统将是未来供热方式的主要趋势。清华大学以吸收式热泵回收汽轮机低温余热为基础，提出"基于吸收式换热的热电联产集中供热方式"，使热泵供热系统在能源利用率方面更进一步[22~25]。

吸收式热泵技术不仅可以用于低温余热的回收利用，也可以应用到其他行业中高温烟气的余热深度回收利用，为低品位能源的利用创造了条件，实现能源回收的梯级利用。吸收式热泵技术对比常规的汽-水换热设备有以下优点：

（1）该项技术可以提高低温余热的品位，实现余热深度利用。与传统余热利用方式相比，使能源利用率大幅度增加。

（2）对于工业上产生的烟气，应用吸收式热泵技术，使烟气冷凝热的回收利用成为可能。

（3）减少环境中 NO_x，SO_2 等对环境危害较大污染物的排放。

5.3.2   循环水吸收式热泵系统余热回收方案

循环水收式热泵供热系统（以下简称吸收式热泵供热系统）利用热泵技术回收汽轮机乏汽余热并将其作为冬季供热的新增热源，既可以提高效率，又可以提高经济性，符合能源的"温度对口、梯级利用"原则[26]。

吸收式热泵供热系统采用吸收式热泵回收余热，利用少量的汽轮机抽汽为驱动热源，循环水作为低位热源，将低温品位余热加以提质利用。循环水吸收式热泵余热回收流程如图 5-12 所示。

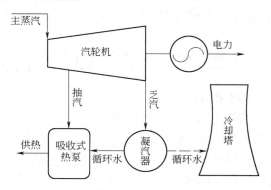

图 5-12　循环水吸收式热泵余热回收流程

吸收式热泵供热系统的热泵机组在运行过程中，无任何燃料燃烧，仅利用少量高温抽汽作为驱动热源，回收乏汽中携带的低温潜热，不造成任何污染。低温循环水在机组中释放热量后全部回到电厂的水系统中，没有蒸发消耗，节省大量循环水。更重要的是，吸收式热泵供热系统实现了余热与供热管网的有机结合，不用破坏汽轮机真空，安全有效。

5.3.3　循环水吸收式热泵系统数学模型

为了更好地分析热泵供热系统的节能性，针对热泵供热系统建立理论的数学模型，在清华大学提出的"基于吸收式换热的热电联产集中供热方式"中，需要对两部分做出改造：一部分是电厂内，要将传统的汽-水换热器更换成吸收式热泵机组；另一部分是将换热站内的板式换热器更换成吸收式热泵机组。电厂内热泵机组的作用为回收汽轮机低温乏汽中的汽化潜热，换热站中热泵机组的作用为降低二次网的回水温度。在下面对热泵供热系统进行分析时，忽略二次网部分，主要研究目标为电厂内部应用吸收式热泵代替传统的汽-水换热器所能取得的能效。

在对汽轮机工况进行分析时，首先建立了汽轮发电机组的数学理论计算模型，该模型以整个热泵供热系统为研究对象，分析系统能量守恒、发电功率的变化及发电功率与供热量之间的关系。在建立数学模型之前，对系统做出以下基本假定：

（1）新蒸汽、排汽压力和温度保持不变；

（2）汽轮机各级效率保持不变；

（3）汽轮发电机组机械效率和发电机效率保持不变；

（4）凝汽器散热损失忽略不计。

为简化计算，以单台汽轮机组为研究对象，计算应用吸收式热泵回收单台汽轮机组的乏汽潜热，建立计算模型[27,28]。

（1）发电功率：

$$P = \frac{D_0(h_0 - h_i) + (D_0 - D_i)(h_i - h_c)}{a'}\eta_m\eta_g \tag{5-19}$$

式中　　a'——常量，3600s/h；

$\quad\quad P$——热电厂供热工况发电功率，kW；

$\quad\quad D_0$——新蒸汽流量，kJ/kg；

$\quad\quad D_i$——抽汽量，kJ/kg；

$\quad\quad h_0$——新蒸汽比焓，kJ/kg；

$\quad\quad h_i$——抽汽比焓，kJ/kg；

$\quad\quad h_c$——排汽比焓，kJ/kg；

$\quad\quad \eta_m$——机械效率，%；

$\quad\quad \eta_g$——发电机效率，%。

（2）抽汽供热负荷：

$$Q_g = \frac{D_{gc}(h_{gc} - h_s)}{a} \tag{5-20}$$

式中　　Q_g——抽汽供热负荷（即循环水吸收式热泵驱动热源放出的热量），MW；

$\quad\quad D_{gc}$——供热抽汽量，kJ/kg；

$\quad\quad h_{gc}$——供热抽汽比焓，kJ/kg；

$\quad\quad h_s$——疏水比焓，kJ/kg。

（3）循环水供热负荷：

$$Q_0 = \frac{D_c(h_c - h_n)}{a} \tag{5-21}$$

式中　　Q_0——循环水供热负荷（即吸收式热泵蒸发器从循环水吸收的热量），MW；

$\quad\quad D_c$——排汽量，kJ/kg；

$\quad\quad h_n$——凝结水比焓，kJ/kg。

（4）热电比。热电比是指机组供热负荷与发电功率的比值，其计算式为：

$$R_{tg} = \frac{Q}{P} \tag{5-22}$$

式中　　Q——机组供热负荷，MW。

（5）机组热效率。机组热效率是指机组发电量与供热量之和与新蒸汽携带的总热量比值，其计算式为：

$$\eta_{tg} = \frac{a'(P+Q)}{D_0 h_0} \tag{5-23}$$

以循环水热泵系统为研究对象，其系统热量平衡如图5-13所示，建立计算模型。

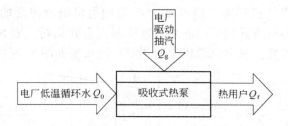

图5-13　循环水吸收式热泵系统热量平衡图

（6）系统热平衡：

$$Q_0 + Q_g = Q_r \tag{5-24}$$

式中　Q_0——电厂循环水供热负荷，MW；

　　　Q_g——电厂抽汽供热热负荷，MW；

　　　Q_r——热电厂供热负荷，MW。

（7）全厂热效率。热电厂全厂热效率即热电厂能源利用率，是热电厂产出的总热量和发电负荷之和与生产投入总热量的比值。计算式为：

$$\eta_{tp} = \frac{aP + Q_r}{BQ_{net}} \tag{5-25}$$

式中　P——热电厂供热工况发电功率，kW；

　　　B——热电厂燃料消耗量，kJ/kg；

　　　Q_{net}——燃料低位发热量，kJ/kg。

（8）相对热负荷：

$$\overline{Q} = \frac{Q_S}{Q_d} = \frac{t_i - t_o'}{t_i - t_o^d} \tag{5-26}$$

式中　$\overline{Q}$——相对热负荷，MW；

　　　Q_S——实际热负荷，MW；

　　　Q_d——设计热负荷，MW；

　　　t_i——室内设计温度，取为20℃；

　　　t_o'——实际室外温度，℃；

　　　t_o^d——设计室外温度，℃。

5.3.4　额定工况方案对比

5.3.4.1　基础数据

唐山开滦林西热电有限责任公司（简称林电）是唐山市最早的发电厂，林电装有三台武汉汽轮机厂生产的 G25-35-3 型抽凝机组，四段抽汽，二段为调整抽汽，采暖期按抽汽方式运行，非采暖期按凝汽方式运行。表 5-3 为汽轮机组额定工况下的设计参数。林电汽轮机组回热原则性系统如图 5-14 所示。

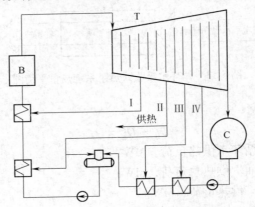

图 5-14　林电汽轮机组回热原则性热力系统

林电三台 G25-35-3 型汽轮机额定工况下供热抽汽量为 75t/h，其额定运行工况的设计参数见表 5-3。

表 5-3　汽轮机组额定工况设计参数

参　数	压力/MPa	温度/℃	流量/t·h⁻¹	比焓/kJ·kg⁻¹
主蒸汽	3.43	435	152	3305
I 段抽汽	0.829	285	8.3	3025
II 段抽汽	0.294	187	84.18	2839
III 段抽汽	0.068	90	2.75	2660
IV 段抽汽	0.022	62	2.33	2522
排汽	0.0042	29.8	54.44	2361.5
凝结水	—	29.8	54.44	124.9
供热抽汽	0.294	187	75	2839
疏水	0.15	80	75	335

5.3.4.2 假定方案

A 设计变量选取

（1）效率变量选取。由于汽轮机运行过程中存在各种损失，其机械效率 η_m 及发电效率 η_g 达不到100%[29]。汽轮机计算效率参量选取见表5-4。

（2）排汽干度。通常对于汽轮机在设计时排汽干度不低于0.92，在以下热力过程计算中排汽干度取0.92[30]。

表5-4　汽轮机计算效率参量选取

额定功率/kW	机械效率/%	发电机效率/%
750~6000	95~98	93~96
12000~25000	97~99	96~97

注：额定工况下，25MW抽汽机组机械效率 η_m 取值97%，发电机效率 η_g 取值96%。

B 方案假定

以林电新蒸汽参数及排汽压力和温度不变为约束条件，在供热负荷和发电负荷不变两种工况下，选定两种计算方案进行热经济性分析。

（1）方案Ⅰ。在供热负荷不变的条件下，回收循环水余热，即循环水吸收式热泵供热负荷为52.17MW，进行抽汽供热和吸收式热泵供热的对比。

（2）方案Ⅱ。在发电负荷不变的条件下，回收循环水余热，即循环水吸收式热泵发电功率为24.96MW，进行抽汽供热和吸收式热泵供热的对比。

简单来讲，就是以热电联产集中供热系统为基础，研究单台运行的机组，在供热负荷和发电功率分别保持不变情况下，观察随COP逐渐增加，发电功率、热电比及机组热效率的变化。新蒸汽参数和排汽参数固定，我们已经可以得出供电量与发电功率成反比关系，而方案Ⅰ与方案Ⅱ的计算中更加精确地描述出两者之间的关系。

5.3.4.3 方案对比

A 运行工况 a

循环水吸收式热泵供热系数COP取1.5，根据式（5-1）~式（5-7），则 $q_0 = 0.5q_g$，即回收低温乏汽的热量为驱动热源消耗热量的50%。第一类吸收式热泵靠高温热源进行驱动，在热泵机组运行过程中，新蒸汽作为驱动热源参与热泵系统工作，在整个过程中，驱动热源的能量并没有浪费，而是用于提高低温热源的品位，生成数量上大于高温热源与低温热源之和的中温热源。机组额定抽汽量为75t/h。在方案Ⅰ中，供热抽汽量为50.13t/h，汽轮机乏汽回收量为27.99t/h。

在方案 Ⅱ 中，供热抽汽量为 75 t／h，汽轮机乏汽回收量为 41.98t／h。

由式（5-19）～式（5-25），可以计算中两种对比方案与抽汽供热的各类经济指标，其中包括发电功率、供热负荷、热电比和机组热效率，其对比情况见表5-5。

表 5-5　工况 a 热电联产机组热经济性指标

指标/单位	抽汽	循环水吸收式热泵	
		方案 I	方案 II
发电功率/MW	24.96	28.04	24.96
供热负荷/MW	52.17	52.17	78.25
热电比	2.09	1.86	3.14
机组热效率/%	55.27	57.48	73.96

热泵回收机组的性能系数为 1.5 时，在满足供热能力不变的前提下，发电功率增加了 3.08MW，余热的利用率为 35.29%；在保证发电功率不变的前提下，供热负荷增加了 26.08MW，余热的利用率为 77.11%。

B　运行工况 b

循环水吸收式热泵供热系数 COP 取 1.55，即回收低温排汽的热量为驱动热源消耗热量的 55%。机组额定抽汽量为 75t／h。在方案 Ⅰ 中，供热抽汽量为 48.39t／h，汽轮机乏汽回收量为 29.79t／h。在方案 Ⅱ 中，供热抽汽量为 75／h，汽轮机乏汽回收量为 46.18t／h。

由式（5-19）～式（5-25），可以计算中两种对比方案与抽汽供热的各类经济指标，其中包括发电功率、供热负荷、热电比和机组热效率，其对比情况见表5-6。

表 5-6　工况 b 热电联产机组热经济性指标

指标/单位	抽 汽	循环水吸收式热泵	
		方案 I	方案 II
发电功率/MW	24.96	28.25	24.96
供热负荷/MW	52.17	52.17	80.86
热电比	2.09	1.85	3.24
机组热效率/%	55.27	57.63	75.83

热泵回收机组的性能系数为 1.55 时，在满足供热能力不变的前提下，发电功率增加了 3.29MW，余热的利用率为 36.76%；在保证发电功率不变的前提下，供热负荷增加了 28.69MW，余热的利用率为 84.83%；

C 运行工况 c

循环水吸收式热泵供热系数 COP 取 1.6，即回收低温排汽的热量为驱动热源消耗热量的 60%。机组额定抽汽量为 75t/h。在方案 I 中，供热抽汽量为 46.88t/h，汽轮机乏汽回收量为 31.49t/h。在方案 II 中，供热抽汽量为 75/h，汽轮机乏汽回收量为 50.38t/h。

由式（5-19）~式（5-25），可以计算中两种对比方案与抽汽供热的各类经济指标，其中包括发电功率、供热负荷、热电比和机组热效率，其对比情况见表5-7。

表 5-7 工况 c 热电联产机组热经济性指标

指标/单位	抽 汽	循环水吸收式热泵	
		方案 I	方案 II
发电功率/MW	24.96	28.58	24.96
供热负荷/MW	52.17	52.17	83.47
热电比	2.09	1.83	3.34
机组热效率/%	55.27	57.87	77.7

热泵回收机组的性能系数为 1.6 时，在满足供热能力不变的前提下，发电功率增加了 3.62MW，循环水的利用率为 38.15%；在保证发电功率不变的前提下，供热负荷增加了 31.3MW，循环水的利用率为 92.54%；

D 运行工况 d

循环水吸收式热泵供热系数 COP 取 1.65，即回收低温排汽的热量为驱动热源消耗热量的 60%。机组额定抽汽量为 75t/h。在方案 I 中，供热抽汽量为 33.08t/h，汽轮机乏汽回收量为 45.46t/h。在方案 II 中，供热抽汽量为 75/h，汽轮机乏汽回收量为 54.44t/h，即可以将循环水余热全部回收。由式（5-19）~式（5-25），可以计算中两种对比方案与抽汽供热的各类经济指标，其中包括发电功率、供热负荷、热电比和机组热效率，其对比情况见表5-8。

表 5-8 工况 d 热电联产机组热经济性指标

指标/单位	抽 汽	循环水吸收式热泵	
		方案 I	方案 II
发电功率/MW	24.96	28.61	24.96
供热负荷/MW	52.17	52.17	85.99
热电比	2.09	1.82	3.45
机组热效率/%	55.27	57.89	79.5

热泵回收机组的性能系数为 1.65 时,在满足供热能力不变的前提下,发电功率增加了 3.65MW,余热的利用率为 39.39%;在保证发电功率不变的前提下,供热负荷增加了 31.3MW,余热的利用率为 100%;

5.3.4.4 方案分析

如图 5-15 所示,在供热负荷不变的条件下,回收部分循环水余热,使发电功率呈上升趋势。而在发电功率不变条件下,回收循环水的余热使供热负荷增加。而方案 II 的热电比和机组热效率明显高于方案 I,即保证满足当前使用的发电功率保持不变运行工况下的热电比和机组热效率明显高于供热负荷不变的运行工况,并且热电比和机组热效率都随 COP 的增加呈上升趋势。

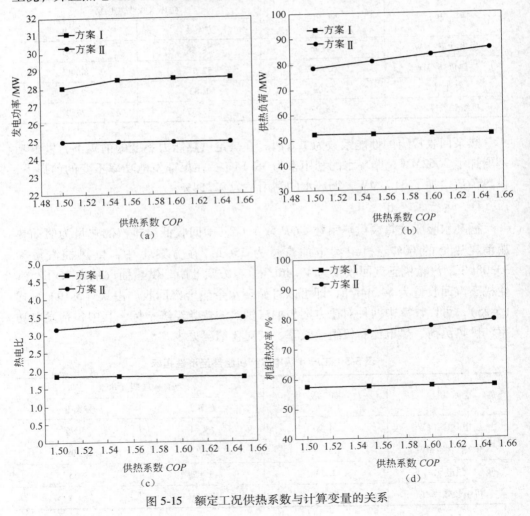

图 5-15 额定工况供热系数与计算变量的关系

5.3.5 最大工况方案对比

5.3.5.1 基础数据

林电 G25-35-3 型抽凝机组最大工况下的设计参数见表 5-9。

表 5-9 汽轮机组最大工况参数

参 数	压力/MPa	温度/℃	流量/t·h⁻¹	比焓/kJ·kg⁻¹
主蒸汽	3.43	435	185	3305
Ⅰ 段抽汽	0.995	302.3	12.6	3057.3
Ⅱ 段抽汽	0.294	186	121.24	2836.7
Ⅲ 段抽汽	0.057	89	2.29	2660.3
Ⅳ 段抽汽	0.019	59	1.696	2535
排汽	0.0039	28.5	47.174	2359.2
凝结水	—	28.5	47.174	119.4
供热抽汽	0.294	186	110	2836.7
疏水	0.15	80	110	335

5.3.5.2 假定方案

A 设计变量选取

a 效率变量选取

最大工况下，25MW 抽汽机组机械效率 η_m 取值 0.98，发电机效率 η_g 取值 0.97。

b 排汽干度

对于汽轮机在设计时排汽干度不低于 0.92，计算时选取 0.92。

B 方案假定

以林电新蒸汽参数及排汽压力和温度不变为约束条件，在循环水余热部分回收（供热负荷不变）和全部回收两种条件下，选定两种计算方案进行热经济性分析。

（1）方案 Ⅰ。在供热负荷不变的条件下，即循环水吸收式热泵供热负荷为 52.17MW，回收部分循环水余热，进行抽汽供热和吸收式热泵供热的对比。

（2）方案 Ⅱ。利用二段抽汽将循环水余热完全回收，在新蒸汽参数不变状态下，汽轮机的抽汽和排汽在运行过程中时刻保持动态平衡。假定循环水余热全部回收条件下，对比不同供热系数，进行抽汽供热和吸收式热泵供热的对比。

5.3.5.3 方案对比

A 运行工况 a

在最大供热条件下，保持供热负荷不变，循环水吸收式热泵供热系数 COP 取 1.5，机组最大抽汽量为 110t/h。在方案 I 中，供热抽汽量为 73.33t/h，汽轮机乏汽回收量为 40.95t/h。在方案 II 中，供热抽汽量为 84.49/h。

由式（5-19）～式（5-25），可以计算中两种对比方案与抽汽供热的各类经济指标，其中包括发电功率、供热负荷、热电比和机组热效率，其对比情况见表 5-10。

表 5-10 最大供热条件下工况 a 热电联产机组热经济性指标

指标/单位	抽 汽	循环水吸收式热泵	
		方案 I	方案 II
发电功率/MW	28.62	33.30	29.79
供热负荷/MW	76.44	76.44	105.12
热电比	2.67	2.30	3.53
机组热效率/%	61.86	64.61	79.43

热泵回收机组的性能系数为 1.5 时，在满足供热能力不变的前提下，发电功率增加了 4.68MW，余热的利用率为 48.84%；在汽轮机排汽潜热全部回收前提下，供热负荷增加了 28.68MW，发电功率增加了 1.17MW。

B 运行工况 b

在最大供热条件下，保持供热负荷不变，循环水吸收式热泵供热系数 COP 取 1.55，机组最大抽汽量为 110t/h。在方案 I 中，供热抽汽量为 70.97t/h，汽轮机乏汽回收量为 43.61t/h。在方案 II 中，供热抽汽量为 97.36/h。

由式（5-19）～式（5-25），可以计算出两种对比方案与抽汽供热的各类经济指标，其中包括发电功率、供热负荷、热电比和机组热效率，其对比情况见表 5-11。

表 5-11 最大供热条件下工况 b 热电联产机组热经济性指标

指标/单位	抽 汽	循环水吸收式热泵	
		方案 I	方案 II
发电功率/MW	28.62	33.60	30.23
供热负荷/MW	76.44	76.44	104.87
热电比	2.67	2.28	3.47
机组热效率/%	61.86	64.79	79.55

热泵回收机组的性能系数为 1.55 时，在满足供热能力不变的前提下，发电功率增加了 4.98MW，余热的利用率为 50.59%；在保证发电功率不变的前提下，供热负荷增加了 28.43MW，发电功率增加了 1.61MW。

C 运行工况 c

在最大供热条件下，保持供热负荷不变，循环水吸收式热泵供热系数 COP 取 1.6，机组最大抽汽量为 110t/h。在方案 I 中，供热抽汽量为 68.76t/h，汽轮机乏汽回收量为 46.08t/h。在方案 II 中，供热抽汽量为 94.11/h。

由式（5-19）~式（5-25），可以计算出两种对比方案与抽汽供热的各类经济指标，其中包括发电功率、供热负荷、热电比和机组热效率，其对比情况见表 5-12。

表 5-12　最大供热条件下工况 c 热电联产机组热经济性指标

指标/单位	抽 汽	循环水吸收式热泵	
		方案 I	方案 II
发电功率/MW	28.62	33.88	30.65
供热负荷/MW	76.44	76.44	104.64
热电比	2.67	2.26	3.41
机组热效率/%	61.86	64.96	79.66

热泵回收机组的性能系数为 1.6 时，在满足供热能力不变的前提下，发电功率增加了 5.26MW，余热的利用率为 52.12%；在保证发电功率不变的前提下，供热负荷增加了 28.2MW，发电功率增加了 2.03MW。

D 运行工况 d

在最大供热条件下，保持供热负荷不变，循环水吸收式热泵供热系数 COP 取 1.65，机组最大抽汽量为 110t/h。在方案 I 中，供热抽汽量为 66.67t/h，汽轮机乏汽回收量为 48.4t/h。在方案 II 中，供热抽汽量为 91.06/h。

由式（5-19）~式（5-25），可以计算出两种对比方案与抽汽供热的各类经济指标，其中包括发电功率、供热负荷、热电比和机组热效率，其对比情况见表 5-13。

表 5-13　最大供热条件下工况 d 热电联产机组热经济性指标

指标/单位	抽 汽	循环水吸收式热泵	
		方案 I	方案 II
发电功率/MW	28.62	34.14	31.04
供热负荷/MW	76.44	76.44	104.41
热电比	2.67	2.24	3.36
机组热效率/%	61.86	65.11	79.75

热泵回收机组的性能系数为 1.65 时，在满足供热能力不变的前提下，发电功率增加了 5.52MW，余热的利用率为 53.48%；在保证发电功率不变的前提下，供热负荷增加了 27.97MW，发电功率增加了 2.42MW。

5.3.5.4　方案分析

如图 5-16 所示，在供热负荷不变的条件下，回收部分循环水余热，使发电功率呈上升趋势。而在发电负荷不变条件下，回收循环水的余热使供热负荷增加。而方案 Ⅱ 的热电比和机组热效率明显高于方案 Ⅰ，即保证满足当前使用的发电功率保持不变运行工况下的热电比和机组热效率明显高于供热负荷不变的运行工况。

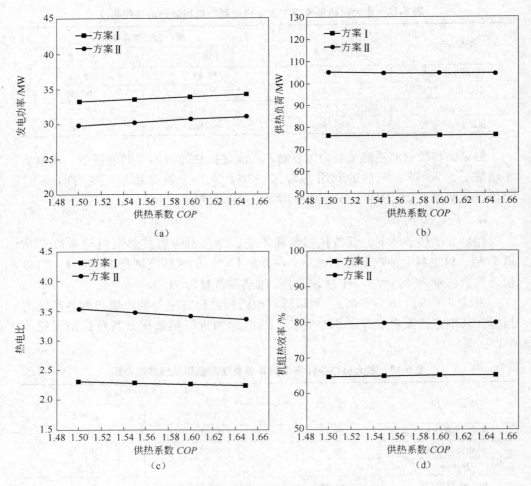

图 5-16　最大工况供热系数与计算变量的关系

5.3.6 变工况方案对比

5.3.6.1 基础数据

A 延时负荷

因唐山与天津两地的地理位置相邻，气候差别并不十分明显，所以热负荷延续小时数取天津数据（表 5-14），室外设计温度 -9℃。由式（5-26）计算相对热负荷，见表 5-14。

表 5-14 相对负荷计算表

室外温度/℃	相对热负荷	延续小时数/h	发电功率/MW
5~4.1	0.517	292	66.04
4~3.1	0.552	171	70.62
3~2.1	0.586	161	66.9
2~1.1	0.621	226	65.92
1~0.1	0.655	245	79.18
0~-0.9	0.690	286	312
-1~-1.9	0.724	79.72	80.82
-2~-2.9	0.517	292	66.04
-3~-3.9	0.552	171	70.62
-4~-4.9	0.586	161	66.9
-5~-5.9	0.621	226	65.92
-6~-6.9	0.655	245	79.18
-7~-7.9	0.690	286	79.72
-8~-8.9	0.724	312	80.82
-9~-9.9	1.000	69	80.56

B 热负荷与发电功率

在林电采集机组运行数据的过程中，因温度变化及燃煤输入量变化，使得现场取得的数据存在一定的误差。在数据筛选过程中，假定机组输入燃料量不变，即选取燃煤量输入误差不大的数据，得出机组变抽汽热负荷变化时的发电功率曲线，如图 5-17 所示。

C 供暖期发电量

发电功率和供热小时数相乘求和即为整个供暖期的发电量，其中发电功率为林电报单的统计结果，供热小时数参照天津热负荷延续小时数取，计算结果如图 5-18 所示。

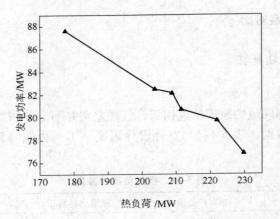

图 5-17 机组抽汽热负荷与发电功率关系曲线

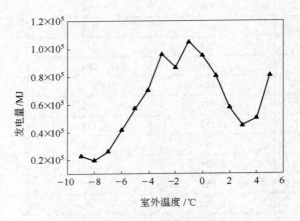

图 5-18 室外温度与供暖期发电量关系曲线

5.3.6.2 方案对比

在 COP 取 1.6 的条件下，对比实际延时负荷下，循环水热泵供热与抽汽供热的全厂热效率和热电比。变热负荷时，抽汽供热和热泵供热的抽汽量按相对热负荷发生变化[31]。采用热泵供热可以提高电厂供热能力，能满足扩建一定供热区后的供热能力。暂且不计抽汽压力变化对发电功率造成的影响，可计算得到假定发电功率不变的情况下，这两种供热方式的热效率和热电比，见表 5-15。

室外温度的不同，会引起全厂热效率的变化，如图 5-19 所示。由图 5-19 可以明显地看出，采用热泵系统供热的全厂热效率要比抽汽供热提高约 8 个百分点。

表 5-15 不同供热方式计算结果

室外温度/℃	抽汽供热		热泵供热	
	全厂热效率	热电比	全厂热效率	热电比
5~4.1	72.3	3.48	81.1	4.03
4~3.1	61.4	2.60	70.2	3.11
3~2.1	70.7	3.37	79.5	3.92
2~1.1	71.1	3.42	80.0	3.97
1~0.1	56.9	2.20	65.1	2.66
0~-0.9	65.1	2.79	72.9	3.24
-1~-1.9	72.3	3.48	81.1	4.03
-2~-2.9	72.3	3.48	81.1	4.03
-3~-3.9	61.4	2.60	70.2	3.11
-4~-4.9	70.7	3.37	79.5	3.92
-5~-5.9	71.1	3.42	80.0	3.97
-6~-6.9	56.9	2.20	65.1	2.66
-7~-7.9	65.1	2.79	72.9	3.24
-8~-8.9	2.75	2.75	72.1	3.20
-9~-9.9	70.0	3.03	77.7	3.48

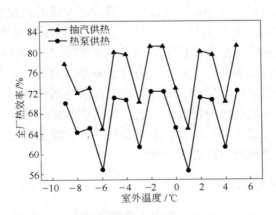

图 5-19 室外温度与供暖期全厂热效率关系曲线

室外温度的不同，同样会引起热电比的变化。由图 5-20 可以明显地看出，采用热泵系统供热的热电比要比抽汽供热提高约 0.6。

在不同工况和不同条件下运行时所产生的热量及相应的指标是完全不同的，其机组内部条件，如换热器换热效率、放气范围和循环倍率等和外部条件，如驱

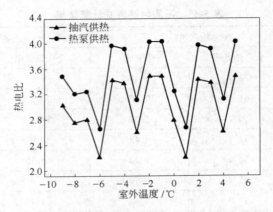

图 5-20 室外温度与供暖期全厂热电比关系曲线

动热源温度、循环冷媒水温度和供、回水温度等的变化对吸收式热泵机组性能有非常直观的影响。程序分析结合实际计算为林电吸收式热泵应用的发展提供理论依据，又对机组的维护以及经济运行具有重要意义。

5.4 汽轮机乏汽余热能综合利用研究

目前，中国能源的分布及使用结构非常不合理，部分行业自身的能源利用率很低，造成一定程度的能源浪费，在浪费能源的同时，这些行业还在生产过程中产生大量的废汽和废热，这些废汽和废热中携带有大量的汽化潜热，直接排入自然环境当中，对河流、大气造成严重污染。每年我国都会从国外进口大量的能源，在能源使用上的浪费加大了能源的需求量。在节能方面，我国还有很大的挖掘潜力，各种节能技术的推广和使用会为社会带来巨大的经济效益。余热的回收利用，多应用于供热领域。目前，螺杆膨胀机在余热回收利用方面也逐渐凸显出优势。它与吸收式热泵的作用相近，均能将低品位热源充分利用。螺杆膨胀机应用余热发电，与吸收式热泵相结合，形成余热回收的综合利用，更进一步将能源的使用提高，将梯级利用发挥得更加彻底。

5.4.1 乏汽源余热高效利用

余热有很多回收利用的方法，在以上介绍的各种方法中，综合利用是最好的方式。一方面综合利用实现了能源的梯级利用，另一方面使余热充分、完全回收，没有能源浪费。社会发展迅速，如何降低能耗、提升能源的利用率迫在眉睫。在汽轮机乏汽源利用方面科研成果日益突出，乏汽源高效利用越来越引起人们的重视。在电厂生产过程中，为保证冷端功效，汽轮机低温排汽的大量汽化潜热被电厂循环水带至冷却塔。电厂的循环冷却水温度通常在20~35℃之间，由于循环水的数量巨大，以致所携带的低品位热能非常可观。电厂的循环冷却水具有水质良好、水量稳定、温度适宜的特点，是优质的热源。吸收式热泵供热系统就是将热泵技术应用于集中供热之中，解决民生问题。

余热回收的主要技术是应用热泵技术，该技术目前主要应用在集中供热系统中，局限性很大，在非制冷供热季节，汽轮机处于纯凝工况运行，吸收式热泵停止运行，汽轮机乏汽余热的能量无法利用，通过冷却塔排散掉。通过经济、环境效益分析可知，对具有电厂循环水资源条件的场所，吸收式热泵供热系统是一种先进的能源利用形式。现阶段，汽轮机乏汽的低温余热回收主要应用在建筑供热方面，将低品位循环水提质转变成中高温热能给热用户供热。汽轮机的乏汽余热能仅在供暖季得到了利用。为了提高乏汽余热能的综合利用率，应考虑在纯凝工况不用制冷的季节，将余热能加以利用。

目前，国内余热回收方式主要形式是余热锅炉和汽轮机所组成的低温发电系统，该低温发电系统以回收300℃以上的中高温烟气为主，如建材行业的炉窑烟气，其单机功率较小，一般在几兆瓦到几十兆瓦不等。除此之外，对于在有些工艺流程中产生的大量低压饱和蒸汽（1MPa左右）和热水，可以使用余热锅炉或换热器直接回收。对于温度较低的余热，除部分回收用于生产生活外，还有大量剩余常被放散。应用螺杆膨胀发电机组可以有效利用该类余热资源。针对不同温度余热资源的回收方式见表5-16。

表 5-16　不同温度余热资源回收方式

余热资源	回收方式	热工转化效率/%
600℃以上高温余热	余热锅炉+汽轮机	22～24
300～600℃中温余热	余热锅炉+汽轮机	约22
小于300℃的0.15～3.0MPa的蒸汽或压力0.8MPa以上、温度170℃以上的热水	单循环系统，直接驱动螺杆膨胀机	12～18
小于0.1MPa的蒸汽或压力0.8MPa以下、温度85℃以上的热水	有机工质双循环系统，有机朗肯循环螺杆膨胀机组	8～12
300℃以上的烟气	余热锅炉+螺杆膨胀机组	百分之十几

5.4.2　乏汽余热回收综合利用系统

5.4.2.1　系统提出

为解决上述问题，在研究过程中提出一种综合利用汽轮机乏汽潜热的系统[32]。该汽轮机乏汽潜热综合利用装置集成了吸收式热泵和螺杆膨胀机技术，可以将汽轮机余热全年利用，避免在纯凝工况下热泵的停机，提高了电厂的循环效率。该余热回收综合利用系统以高效利用汽轮机乏汽潜热为目标，将汽轮机低温乏汽除了应用在供热领域外，还拓展到余热发电领域，将热泵与螺杆膨胀机结合使用，实现电厂深层次节能，意义重大。

汽轮机乏汽潜热综合利用装置是一种集吸收式热泵和螺杆膨胀机于一体，将低温乏汽提质回收利用的装置。该装置可以在全年进行不同状态的转换，旨在解决现有吸收式热泵利用乏汽余热供热、制冷运行小时数低和螺杆膨胀机不能直接回收汽轮机乏汽余热发电的问题，避免不同工况下低温排汽的汽化潜热的浪费。该装置减小系统的冷源损失，改善系统循环效率和发电量。

汽轮机乏汽潜热综合利用装置包括汽轮机、蒸汽吸收式热泵机组、热水吸收式热泵机组、螺杆膨胀机发电装置、热网换热器。汽轮机的乏汽管道和抽汽管道分别与蒸汽吸收式热泵机组连接；蒸汽吸收式热泵机组的高温水总管道分为三个支路，第一个支路与热网换热器连接，第二个支路与热水吸收式热泵机组连接，第三个支路与螺杆膨胀机发电装置连接；热网换热器和热水吸收式热泵机组的低温水管道及螺杆膨胀机发电装置的低温水管道分别与该蒸汽吸收式热泵机组的低温水总管道连接，如图 5-21 所示。

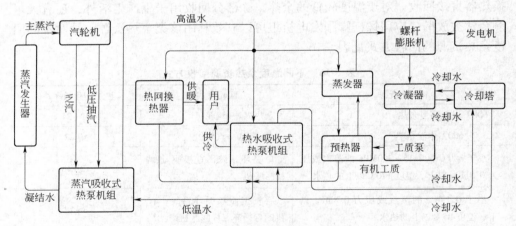

图 5-21 乏汽潜热综合利用系统

对比现有技术，本系统的创新之处在于：

（1）取消了电站汽轮机凝汽器，用蒸汽吸收式热泵机组回收汽轮机乏汽的汽化潜热，把乏汽凝结成水。其中，蒸汽吸收式热泵集凝汽器和热泵的功能于一体，先将低温排汽凝结成水，再进入热泵进行循环。

（2）通过蒸汽吸收式热泵机组使乏汽的热能被间接置换提质，以供后续设备和装置综合利用。不但降低了电站的冷源损失，还提高了电站的循环效率。

（3）在换热站中可以进行三种工况的切换，即供热、供冷和发电。将电厂余热能最大限度地回收再利用。

5.4.2.2 理论分析

汽轮机乏汽潜热综合利用系统实现了热电冷三联产综合利用，即低温乏汽余热冬天利用热网换热器进行供暖，夏天利用热水吸收式热泵机组进行制冷，全年利用螺杆膨胀机发电装置进行发电，提高了乏汽余热综合利用率，并且蒸汽轮机和螺杆膨胀机两种动力机械的协同做功发电，提高了电厂发电量[33]。

对于应用余热发电，高效利用系统现有能源，提高发电效率，使余热源充分利用，将发电效率最大限度地提高是首要考虑问题。在理想状况下，螺杆膨胀机机组本身不存在工艺缺点，发电效率达到100%；热力循环和其他加热设备也不存在任何形式的热损失，即低温热水在放热过程和有机工质吸热过程中不存在任何损失。假定系统处于理想状态下运行，设系统的理想热效率为 η_i，根据热力学第二定律建立计算模型：

（1）理想热效率：

$$\eta_i = \frac{Q_1 - Q_2}{Q_1} = 1 - \frac{\ln \dfrac{T_r}{T_c}}{\dfrac{T_r}{T_c} - 1} \tag{5-27}$$

式中　　T_r——热源温度，K；

　　　　T_c——冷源温度，K。

（2）热水冷却的能量损失：

$$Q_1 = T_c c \ln \frac{T_r}{T_c} \tag{5-28}$$

式中　　Q_1——热水冷却到环境冷源温度的能量损失，MW；

　　　　c——水的比热容，kW/kg。

（3）热水温度降到环境温度时所能放出的热量：

$$Q_2 = c(T_r - T_c) \tag{5-29}$$

式中　　Q_2——热水冷却到环境冷源温度释放的能量，MW。

（4）理想情况下，每吨热水每小时的最大发电容量：

$$N = \frac{\eta_i c(T_r - T_c) \times 1000}{3600} \tag{5-30}$$

式中　　N——单位体积热水每小时最大的发电容量，kW/h。

$$Q_r = cm(T_r - T_c) \tag{5-31}$$

式中　　Q_r——热电厂供热负荷，kW；

　　　　m——纯凝工况下用于发电的循环水量，kg/s。

设冷源温度为30℃，热水提质温度为90℃，由式（5-27）~式（5-30）计算得理想热效率和理想情况下每吨热水每小时的最大发电容量 N 为6.02kW。由于设备自身不完善和热力循环存在损失等综合因素，系统的总效率和每吨热水每小时发电量只能达到理想计算值的1/3左右[34]。

以开滦林西热电厂单台机组为研究对象，采用吸收式热泵和螺杆膨胀机联合运行方式，以汽轮机额定工况运行为例，假定吸收式热泵机组性能系数 COP 为1.6，供热抽汽量为75t/h。在保证冬季供热能力不变的条件下，汽轮机的供热抽汽量降至46.88 t/h，在发电量增加的同时，低温排汽量也有所增加，使热运行额定工况设计参数见表5-17。从表5-17中可以看出，吸收式热泵供热系统在 COP 为1.6的运行工况下，汽轮机排汽量为82.56t/h，而回收乏汽量为31.5t/h，可以在满足供热能力的情况下将回收的低温乏汽能用于发电。

表 5-17　供热运行额定工况设计参数

参　数	压力/MPa	温度/℃	流量/t·h⁻¹	比焓/kJ·kg⁻¹
主蒸汽	3.43	435	152	3305
Ⅰ段抽汽	0.829	285	8.3	3025
Ⅱ段抽汽	0.294	187	56.06	2839
Ⅲ段抽汽	0.068	90	2.75	2660
Ⅳ段抽汽	0.022	62	2.33	2522
排汽	0.0042	29.8	82.56	2361.5
凝结水	—	29.8	82.56	124.9
回收乏汽	0.0042	29.8	31.5	2361.5
供热抽汽	0.294	187	46.88	2839
疏水	0.15	80	46.88	335

对于汽轮机组在春秋季纯凝工况下，假定热泵机组供水温度为90℃，冷却水温度为30℃。由计算可知，每吨热水每小时实际发电量约为2.01kW。纯凝工况下应用二段抽汽将循环水低温余热全部回收的热量为33.82MW，其额定工况下，汽轮机低温乏汽全部回收的运行参数见表5-18。

表 5-18　纯凝运行余热全回收额定工况设计参数

参　数	压力/MPa	温度/℃	流量/t·h⁻¹	比焓/kJ·kg⁻¹
主蒸汽	3.43	435	152	3305
Ⅰ段抽汽	0.829	285	8.3	3025
Ⅱ段抽汽	0.294	187	75	2839
Ⅲ段抽汽	0.068	90	2.75	2660

续表 5-18

参　数	压力/MPa	温度/℃	流量/t·h⁻¹	比焓/kJ·kg⁻¹
Ⅳ段抽汽	0.022	62	2.33	2522
排汽	0.0042	29.8	54.44	2361.5
凝结水	—	29.8	54.44	124.9
回收乏汽	0.0042	29.8	54.44	2361.5
供热抽汽	0.294	187	75	2839
疏水	0.15	80	75	335

热泵机组回收乏汽的热负荷为 33.82MW，由式（5-31）可计算出纯凝工况下的循环水量为 37.28t/h。由上述计算可知，37.28t 循环水每小时的发电功率约为 74.93kW。纯凝工况按 4500h 计算，供冷和供热季发电量在纯凝工况发电基础上，给定 1.5 的富裕系数，全年可发电 505.78×10³ kW·h。可选用江西华电 SEPG250 型号机组。

螺杆膨胀机通过工作方式和原理的转变，实现了将热能转换成机械能的做功过程。由于单机容量较小，操作简单并且技术先进，市场上有很多成熟的产品。江西华电的螺杆膨胀机余热发电技术已经相对成熟，并且成功在市面上推广。

螺杆膨胀机双循环余热发电系统采用低沸点有机工质作为热力循环工质，在理论上可以实现用低温度的废汽、废热获得相对较高的发电效率；螺杆膨胀机双循环余热回收系统使用有机工质与低温废汽、废热进行换热，对热源品质要求不高，这在很大程度上扩展了它的应用范围。

循环冷却水的温度在不同季节存在很大变化，系统的发电能力也因季节的变化而受到影响。因此，在对系统进行分析和规划时，选择冷却水的全年平均温度十分必要，并且应当针对汽轮机机组纯凝工况和供热工况运行情况下分别计算发电功率。通过假设热泵提质后可供 90℃ 的低温水，对该低温水应用螺杆膨胀机系统进行发电量的初步计算，证实了螺杆膨胀机发电系统在低温余热回收方面具有巨大的应用价值，技术上具有可操作性，并且该系统可复制性强，可对系统进行模块式设计。

参 考 文 献

[1] 阎维平，周月桂，刘洪宪，等．洁净煤发电技术［M］．北京：中国电力出版社，2008.

[2] Axelsson G. Sustainable geothermal energy utilization［J］. International Review of Applied Sciences and Engineering, 2010, 1 (1, 2): 21~30.

[3] 康艳兵，张建国，张扬．我国热电联产集中供热的发展现状、问题与建议 [J]．中国能源，2008，30 (10)：8~13.

[4] 黄翔超．有机工质双循环螺杆膨胀机系统研究 [D]．天津：天津大学，2006.

[5] 曹滨斌．螺杆膨胀机余热回收系统分析 [D]．天津：天津大学，2007.

[6] 姜云涛，付林，等．电厂及工业废热利用新途径 [J]．石油石化节能与减排，2011，1 (3/4)：29~32.

[7] 李岩，付林，张世刚，等．电厂循环水余热利用技术综述 [J]．建筑科学，2010，26 (10)：10~14.

[8] 陈昀，解国珍，刘蕾，等．单效溴化锂吸收式制冷循环吸收特性与工况关系的研究 [J]．制冷与空调，2010，24 (04)：1~5.

[9] 刘德平，姜任秋．单效溴化锂吸收式制冷机的仿真计算 [J]．应用科技，2005，32 (12)：63~65.

[10] 张伟，朱家玲．低温热源驱动溴化锂第二类吸收式热泵的实验研究 [J]．太阳能学报，2009，1 (30)：38~44.

[11] 陈君燕．溴化锂吸收式制冷循环的计算与分析 [J]．制冷学报，1984，(02)：18~28.

[12] Michel A Bernier. Ground-coupled heat pump system simulation [J]. Ashrae Transaction, 2001, 107 (1)：605~616.

[13] Juan Yin, Lin Shi, Ming Shanzhu, Lin Zhonghan. Performance analysis of an absorption heat transformer with different working fluid combinations [J]. Applied Energy, 2000, 67：281~292.

[14] Dongsoo Jung a*, Yoonhak Leea, Byungjin Park a, et al. A study on the performance of multistage condensation heat pumps [J]. International Journal of Refrigeration, 2000, 23：528~539.

[15] 朱家玲，刘国强，张伟，等．利用第二类吸收式热泵回收地热余热的模拟研究 [J]．太阳能学报，2007，28 (7)：745~750.

[16] Lazzarin R M. Theoretical analysis of an open－cy system [J]. Int J. Refrig, 1996, V19 (3)：160~167.

[17] Talbi M M. Exergy analysis：an absorption refrigerator using lithium bromide and water as the working fluids [J]. Applied Thermal Engineering. 2000：619~630.

[18] 贾明生．溴化锂水溶液的几个主要物性参数计算方程 [J]．湛江海洋大学学报，2002，22 (03)：52~58.

[19] 赵斌，杨玉华，钟晓晖，等．循环水吸收式热泵供热联产机组性能分析 [J]．汽轮机技术，2013，55 (6)：454~457.

[20] 郭民臣，樊雪，付立，等．环境温度对热电联产机组的影响及对策 [J]．热力发电，2013，42 (5)：11~14.

[21] 高岩，付林，燕达，等．利用电厂循环冷却水的暖通空调方案比选 [J]．暖通空调，2007，31 (17)：52~54.

[22] 肖常磊．电厂余热回收系统的优化匹配研究 [D]．北京：清华大学，2008.

[23] Minsung Kim, Min soo Kiml, Jae Dong Chung. Transient thermal behavior of a water heater system driven by a heat pump [J]. International Journal of Refrigeration, 2004, 27: 415~421.

[24] 韩吉才. 吸收式热泵技术在热电联供中的应用研究 [D]. 青岛：中国石油大学，2009.

[25] 孙作亮，付林，张世钢，等. 吸收式热泵回收烟气冷凝热的实验研究 [J]. 太阳能学报，2008，1 (29)：13~17.

[26] 季杰，刘可亮，裴刚，等. 以电厂循环水为热源利用热泵区域供热的可行性分析 [J]. 暖通空调，2005，35 (2)：104~107.

[27] Ali Kahhraman, Alaeddin Celebi. Investigation of the performance of a heat pump using waste water as a heat source [J]. Energies, 2009, 2 (3)：697~713.

[28] 张世钢，付林，李世一，等. 赤峰市基于吸收式换热的热电联产集中供热示范工程 [J]. 暖通空调，2010，40 (11)：71~75.

[29] 曹丽华，金建国，李勇，等. 背压变化对汽轮发电机组电功率影响的计算方法研究 [J]. 汽轮机技术，2006，48 (1)：11~13.

[30] 赵斌，王子兵，武志飞，等. 转炉饱和汽轮机选型计算与分析 [J]. 汽轮机技术，2010，52 (1)：17~20.

[31] 曹丽华，金建国，李勇，等. 背压变化对汽轮发电机组电功率影响的计算方法研究 [J]. 汽轮机技术，2006，48 (1)：11~13.

[32] 赵斌，武攀飞，杨玉华，等. 汽轮机乏汽潜热综合利用装置 [P]. 中国，201120306251，2012-03-08.

[33] 顾正皓. 螺杆膨胀机在电厂热力循环中的应用及经济性分析 [J]. 浙江电力，2009 (1)：9~11.

[34] 王统彬. 纯低温余热发电方案设计及系统优化 [D]. 北京：华北电力大学，2008.

冶金工业出版社部分图书推荐